MINDFULNESS
E TERAPIA COGNITIVO-COMPORTAMENTAL

MINDFULNESS

E TERAPIA COGNITIVO-COMPORTAMENTAL

ORGANIZADORA

Isabel C. Weiss de Souza

MANOLE

Copyright © Editora Manole Ltda., 2020, por meio de contrato com a organizadora.

Editora gestora: Sônia Midori Fujiyoshi
Editora: Juliana Waku
Capa: Ricardo Yoshiaki Nitta Rodrigues
Imagem da capa: istockphoto.com
Projeto gráfico: Departamento Editorial da Editora Manole
Editoração eletrônica: Muiraquitã Editoração Gráfica

CIP-BRASIL. CATALOGAÇÃO NA PUBLICAÇÃO
SINDICATO NACIONAL DOS EDITORES DE LIVROS, RJ

M616

Mindfulness e terapia cognitivo-comportamental / Isabel C. Weiss de Souza ;
colaboração Cleyton Brust ... [et al.]. - 1. ed. - Barueri [SP] : Manole, 2020.

23 cm

Inclui bibliografia e índice
ISBN 978-85-204-6049-8

1. Atenção plena (Psicologia). 2. Meditação. 3. Terapia da aceitação e
compromisso. 4. Terapia do comportamento. I. Souza, Isabel C. Weiss de.
II. Brust, Cleyton.

20-62385   CDD: 153.733
               CDU: 159.952

Leandra Felix da Cruz Candido - Bibliotecária - CRB-7/6135

Editora Manole Ltda.
Avenida Ceci, 672 – Tamboré
06460-120 – Barueri – SP – Brasil
Tel.: (11) 4196-6000
www.manole.com.br
https://atendimento.manole.com.br/

Impresso no Brasil | *Printed in Brazil*

Organizadora

Isabel Cristina Weiss de Souza

Psicóloga Clínica, Doutora em Ciências pelo Departamento de Psicobiologia da Universidade Federal de São Paulo (Unifesp), pesquisou em seu Doutorado a viabilidade e a efetividade do programa *Mindfulness-Based Relapse Prevention* (MBRP) como adjunto ao tratamento do tabagismo na realidade brasileira. Mestre em Saúde Coletiva pela Universidade Federal de Juiz de Fora (UFJF), Especialista em Terapias Cognitivas pela Universidade de São Paulo (USP). Certificada em MBRP pela University of California, San Diego School of Medicine, nos Estados Unidos, e em MBRP *Advanced Teacher Training* pelo Centre for Addiction Treatment Studies, em Warminster, na Inglaterra. Fundadora da Associação de Terapias Cognitivas de Minas Gerais (ATC-Minas), afiliada à Federação Brasileira de Terapias Cognitivas (FBTC). Revisora técnica do livro *Prevenção de recaída baseada em mindfulness para comportamentos aditivos: um guia para o clínico*, de Sarah Bowen, Neha Chawla & Alan Marlatt, pela Editora Cognitiva (2015). Autora de diversos capítulos e artigos nacionais e internacionais em sua área de atuação. Diretora do Espaço Terapêutico Isabel Weiss.

Autores

Cleyton Brust

Formado em Psicologia pela Universidade Estácio de Sá. Pós-graduado em Neuropsicologia pela Santa Casa de Misericórdia do Rio de Janeiro. Terapeuta Cognitivo-Comportamental e Especialista em Transtornos Alimentares e Obesidade pela Universidade Federal do Rio de Janeiro (UFRJ). Terapeuta Certificado em *Mindfulness-Based Cognitive Therapy* pelo Centro de *Mindfulness* no Brasil. Professor do Curso de Pós-graduação em Terapia Cognitivo--comportamental da Universidade Estácio de Sá e sócio-fundador da Córtex Cursos e Serviços de Psicologia.

Daniela Sopezki

Psicóloga. Especialista em Psicoterapias Cognitivo-comportamentais. Mestre em Psicologia Clínica. Doutora em Saúde Coletiva. Instrutora de *Mindfulness for Stress & Health, Breathworks* e *Mindfulness* para Prevenção de Recaída.

Erika Leonardo de Souza

Psicóloga graduada pela Universidade de São Paulo (USP) de Ribeirão Preto. Mestre em Psicologia Clínica pelo Instituto de Psicologia da USP e Doutora em Ciências (área de concentração Psiquiatria) pela Faculdade de Medicina da USP. Pós-doutoranda no Instituto do Cérebro do Hospital Israelita Albert Einstein, estudando os efeitos de práticas meditativas. Psicoterapeuta (psicoterapias baseadas em *mindfulness*, aceitação e compaixão). Professora certificada de *Mindfulness* e Compaixão para a Saúde – Protocolo MBPM – pelo RespiraVida *Breathworks* (Espanha – Inglaterra). *Trained Teacher* do Programa de *Mindfulness* e Autocompaixão *Mindful Self-Compassion* (MSC), pelo Center for Mindful Self-Compassion, sendo a tradutora oficial (designada pelo Center for Mindful Self-Compassion) de todo o material técnico da formação de professores do programa MSC para o português do Brasil. Membro fundadora do Conectta – *Mindfulness* e Compaixão. Professora em cursos de pós-graduação de Terapia Cognitivo-comportamental e Terapias Contextuais.

Marcelo Csermak Garcia

Mestre e Doutor em Ciências pelo Departamento de Psicobiologia da Universidade Federal de São Paulo (Unifesp). Especialista em *Mindfulness* com formação em *Mindfulness-Based Cognitive Therapy* (MBCT) pelo Center for Mindfulness Studies, Toronto, Canadá, e Instrutor pelo Tergar International, Estados Unidos.

Paula Teixeira

Médica formada pela Faculdade de Ciências Médicas de Santos (FCMS). Pós-graduada em Nutrologia Médica pela Associação Brasileira de Nutrologia (ABRAN) e em Bases da Medicina Integrativa pelo Instituto de Ensino e Pesquisa Albert Einstein. Instrutora Profissional de *Mindfulness-Based Eating Awareness Training* (MBEAT) e *Mindfulness-Based Eating Solution – Eat For Life* – (MBES). *Teacher in Training* do programa *Mindful Self-Compassion* (MSC). Cofundadora do Centro Brasileiro de *Mindful Eating*.

Rui Ferreira Afonso

Mestre pelo Departamento de Psicobiologia da Universidade Federal de São Paulo (Unifesp). Doutor na área de concentração em Neurociência pelo Hospital Israelita Albert Einstein.

Vitor Friary

Formado em Psicologia pela Universidade de Middlesex na Inglaterra. Mestre em Terapia Cognitiva e *Mindfulness* pela University of London Goldsmiths e pela London Metropolitan University. Graduado pela Escola de Medicina da University of California San Diego como Professor em Terapia Cognitiva Baseada em *Mindfulness* (MBCT).

Viviane Fukugawa

Psicóloga Clínica formada pela Pontifícia Universidade Católica (PUC). Terapeuta focal e sistêmica breve pelo Núcleo Pesquisas. Educadora parental certificada pela Positive Discipline Association. Professora de *Mindfulness* no protocolo *Mindfulness-Based Relapse Prevention* (MBRP), *Framework* Neurocognitivo de *Mindfulness* com Tamara Russell, Programa de cultivo da compaixão baseado em *mindfulness* com Valentín Méndez. Pós-graduada em Gestão Emocional nas organizações – *Cultivating Emotional Balance* pelo Hospital Israelita Albert Einstein e Santa Barbara Institute.

Atualmente em formação Internacional de professores de *Mindfulness* e Compaixão para Saúde com Respira Vida Breathworks.

Dedico este livro ao Dr. Alan Marlatt, *in memoriam*.

Agradecimentos

Este livro nasceu de um projeto que foi se configurando desde o final de meu Doutorado, realizado entre os anos 2012 e 2016 na Universidade Federal de São Paulo (Unifesp). A experiência de trazer para o Brasil um programa baseado em *mindfulness* era nova para todos os envolvidos e demandou muitos recursos desde o início, como relato durante o livro.

Ao me sentar para começar a escrever, deparei-me com minha história pessoal bem anterior a 2012 e resolvi narrá-la aqui, afinal, a adaptação de uma ferramenta em saúde é um processo longo e rico, que merece ser contado. Desde já, porém, ressalto que é através da minha lente que conto esta história e que o livro é, portanto, autoral: trata-se de um ponto de vista, com seus sentimentos, ideias e, inevitavelmente, ideologias.

São 27 anos de trabalho com a terapia cognitivo-comportamental (TCC), logo o número de pessoas que participaram desta trajetória é imenso. Optei por citar estas pessoas durante o livro, ressaltando parte de sua colaboração nesta construção. Peço desculpas desde já por não conseguir contemplar a todos os envolvidos nesta infinidade de contribuições, às quais sou eternamente grata.

Neste espaço, destacarei meus agradecimentos à contribuição de algumas pessoas que obviamente foram citadas no texto, mas que menciono aqui especialmente por terem dado o ponto de partida ao projeto do livro.

Em primeiro lugar, ao meu amigo e colega de estrada Dr. Cristiano Nabuco de Abreu, PhD, autor de muitos livros e artigos, pioneiro no país primeiramente com a TCC e, anos mais tarde, no atendimento a pacientes dependentes em tecnologia, coordenando o ambulatório especializado na Universidade de São Paulo (USP) (PRO-AMITI-IPq-HCFMUSP). Partiu dele, em uma tarde de 2018, o telefonema me convidando a escrever o livro para a Editora Manole, sua parceira de trabalhos no Hospital das Clínicas da USP. O reconhecimento de que eu disporia de uma bagagem que poderia ser contada me deu a coragem necessária para a autorrevelação que foi esta obra.

À Elisa Harumi Kozasa, PhD, pesquisadora do Hospital Israelita Albert Einstein e *Fellow* do Mind and Life Institute, neurocientista e autora de muitos artigos, também por ter se tornado uma amiga em minha trajetória com o *mindfulness* na última década. Agradeço por ter sido sua a ideia inicial de transformar minha experiência profissional em livro. Cerca de 2 meses antes de receber o telefonema de Cristiano nos reunimos e Elisa me desafiou a escrever um livro em que "contasse tudo". Sua revisão da proposta inicial me promoveu muitos *insights* e deu corpo ao sumário aqui apresentado.

À Editora Manole, pela oportunidade e confiança, além de todo suporte oferecido para a realização desta obra, em especial à Juliana Waku e à Mirella Mariani, por todo o apoio no processo.

Ao Universo, que por meio de seus "algoritmos" conspirou numa sequência de ações em favor deste projeto que surgiu em meu cinquentenário e espero que de alguma forma possa contribuir para os leitores a partir dos meus acertos e dissabores aqui relatados.

A todos os meus pacientes e clientes que se submeteram a tratamento ao longo destes anos e que me permitiram levar o conhecimento à prática e pesquisar a adaptação dos protocolos da TCC e também do *mindfulness*.

Aos colegas que convidei para contribuir na Parte I do livro com conceitos e ideias centrais a respeito do tema. E aos que contribuíram na Parte II com suas experiências clínicas com o uso de alguns dos principais programas baseados em *mindfulness* trazidos para o Brasil.

À Anelise Guedes Lima Monteiro, que tão cuidadosamente se encarrega da parte técnica de formatação de todos os meus trabalhos acadêmicos e que, por me acompanhar há mais de 10 anos, sempre dizia: "Você precisa contar sua história num livro!" Aqui está, minha amiga!

A Sarah Bowen, PhD, autora do programa *Mindfulness-Based Relapse Prevention* (MBRP) junto a Neha Chawla e Alan Marlatt, pesquisadora da Universidade de Washington e da Pacific University, colaboradora de nossas pesquisas e apoiadora de todo este processo de adaptação que viemos realizando.

Agradeço às agências que financiaram minha pesquisa no doutorado, permitindo o desenvolvimento da base científica na adaptação do MBRP para o contexto brasileiro: CAPES (Coordenação de Aperfeiçoamento de Pessoal de Nível Superior), FAPESP (Fundação de Amparo à Pesquisa do Estado de São Paulo), FAPEMIG (Fundação de Amparo à Pesquisa do Estado de Minas Gerais), CNPq (Conselho Nacional de Desenvolvimento Científico e Tecnológico), assim como à minha orientadora da Unifesp, Dra. Ana Regina Noto.

À minha família: Rogério Mendonça de Souza, meu marido amado e parceiro de uma vida, e aos meus filhos Ian Weiss de Souza e Igor Weiss de Souza, que cresceram me apoiando neste caminho e de quem uma vida inteira precisei subtrair horas (e dias) de convivência em virtude do trabalho. Gratidão!

Aos meus pais, pela vida e educação recebida.

Foto 1   Momento de celebrar o projeto do livro *Mindfulness e terapia cognitivo-comportamental* com Dr. Cristiano Nabuco junto à direção da Editora Manole, em restaurante em São Paulo (2018).

Foto 2   Com Dra. Sarah Bowen em *workshop* conduzido por ela na sua última vinda ao Brasil, em 2018.

Foto 3 Com Dra. Elisa Kozasa, colaboradora da pesquisa e amiga de trajetória em sua visita a Juiz de Fora, em 2012, para o Congresso Internacional sobre Drogas, que organizamos pela Universidade Federal de Juiz de Fora (UFJF).

Foto 4 Com Dr. Alan Martlatt e Dra. Beatriz Carlini na visita à Washington University, em Seattle, em 2010.

Sumário

Seção I   ALGUNS CONCEITOS

Seção II   ALGUNS PROGRAMAS

Seção III   *MINDFULNESS* E TERAPIA COGNITIVO-COMPORTAMENTAL

Prefácio por
Cristiano Nabuco de Abreu*

Não é de hoje que o ser humano busca estratégias e métodos para regular suas emoções e produzir maiores e melhores níveis de bem-estar psicológico. Não apenas do interesse mais recente dos profissionais de saúde mental, esses esforços, na verdade, são parte integrante de sistemas filosóficos e religiosos muito mais antigos que, de uma maneira ou de outra, influenciaram o desenvolvimento científico até os dias de hoje.

Foi assim então que, de maneira natural e espontânea, muitas abordagens em psicoterapia começaram a se debruçar sobre os princípios e métodos dos sistemas orientais e que, por meio da experimentação e da aplicação progressiva no setting terapêutico, acabaram por dar origem ao que se denomina uma "nova abordagem transepistemológica".

Especificamente, nas duas últimas décadas, ocorreu uma paulatina utilização das técnicas derivadas da filosofia budista, o que gerou diversos estudos sobre sua eficácia no tratamento e no manejo dos problemas psicológicos e psiquiátricos. Nelas, a mente consciente tomou um lugar privilegiado ao poder observar seu próprio funcionamento, sem julgamento e, mais do que isso, tornou-se capaz de entender sua natureza particular, seus preceitos e, finalmente, sua função.

A prática da atenção plena, assim sendo, trouxe à vida moderna uma renovada capacidade (perdida há tempos, diga-se de passagem) de se abrandar o nível geral do sofrimento cotidiano e, ao mesmo tempo, aumentar o nível de bem-estar por meio da consciência sensorial.

---

* Pós-doutorado pelo Departamento de Psiquiatria da Faculdade de Medicina da Universidade de São Paulo (FMUSP). Coordenador do Grupo de Dependências Tecnológicas do Instituto de Psiquiatria do Hospital das Clínicas da FMUSP.

Foi, portanto, a partir desses fundamentos que a Dra. Isabel Weiss reuniu nesta obra – e de forma elegante, não posso deixar de mencionar –, as bases científicas do *mindfulness*. Um livro único que conseguiu delinear com extremo rigor científico os aspectos centrais da prática da atenção plena e, mais do que isso, ao nos oferecer um conteúdo instigante, nos permitiu subir nos ombros do conhecimento e poder, dessa forma, olhar com mais nitidez e clareza os horizontes que compõem os processos humanos de mudança. Seguramente, uma obra que se consolidará como um novo marco na psicologia moderna.

Dra. Isabel Weiss, além de seu notório conhecimento, consegue aliar a sua pessoa um encantamento único, derivado de sua generosidade, delicadeza e afetividade, o que torna este material ainda mais especial.

Agradeço a honra de poder dedicar algumas poucas linhas desejando que este livro possa, mais do que nunca, ajudar os profissionais a aliviar o sofrimento e as inquietudes daqueles que nos procuram tão desesperançados, cansados e perdidos. Que a atenção plena seja uma nova porta de passagem e que nós, técnicos da mudança psicológica, consigamos trazer a luz – para muitos – dentro da escuridão.

Prefácio por Sarah Bowen[†]

Como estudante de pós-graduação no Addictive Behaviors Research Center de Alan Marlatt no início dos anos 2000, eu fazia parte de um grupo de estudantes e acadêmicos interessados na interseção entre abordagens psicológicas tradicionais baseadas na terapia cognitivo-comportamental (TCC) e práticas baseadas em meditação. Nossa equipe de pesquisa compartilhava de uma investigação profunda por abordagens não tradicionais para problemas aparentemente intratáveis de comportamento aditivo e de recaída.

O trabalho que fazíamos – trazendo a prática de meditação de base budista para o tratamento tradicional para adições e buscando apoio financeiro do NIH para isso – estava muito além do convencional. Isso aconteceu muitos anos antes de o campo das intervenções baseadas em *mindfulness* se tornar tão popular e aceito como é hoje, e muitos de nós estávamos lutando para encontrar nosso lugar no meio acadêmico. Acabamos, porém, encontrando um outro lugar, e um lar, no laboratório do Alan. No entanto, naqueles primeiros anos, ainda lutávamos por financiamento e, muitas vezes, por credibilidade. Embora tenha sido uma época emocionante e inovadora, não sabíamos aonde esse trabalho nos levaria ou se seria sustentável.

Os quinze anos que se seguiram trouxeram muitas mudanças. Perdemos nosso mentor, Alan Marlatt, em 2011, e cada um de nós encontrou seu próprio caminho para retomar o trabalho semeado no laboratório. Continuamos conduzindo ensaios clínicos, muitos deles financiados por órgãos federais, com resultados que falaram por si mesmos; havia algo nessa integração que parecia oferecer uma nova abordagem para o tratamento de adições, particularmente para aqueles pacientes que haviam completado os estágios iniciais e estavam

---

[†] PhD. Psicóloga e pesquisadora. Professora associada da Pacific University – Oregon. Research Fellow/Mind and Life Institute. Primeira autora do programa MBRP.

lutando para manter seus objetivos de tratamento nos anos restantes de suas vidas. Assistimos essa abordagem e essa pesquisa ganharem credibilidade, tanto nos Estados Unidos quanto no restante do mundo.

Isabel Weiss, uma estudante brasileira dedicada e entusiasmada, veio visitar nosso laboratório em 2010 para se encontrar com Alan Marlatt e discutir a possibilidade de trazer esse e outros programas semelhantes para o Brasil. Nos anos seguintes, seu compromisso e entusiasmo permaneceram firmes. Ela viajou para os Estados Unidos novamente para participar de um treinamento intensivo de 5 dias em Prevenção de Recaída Baseada em *Mindfulness* (*Mindfulness-Based Relapse Prevention* – MBRP). Tenho muitas lembranças dela e de sua colega naquele treinamento, a mais viva delas é como elas, apesar do *jetlag*, permaneceram de olhos brilhantes e curiosos por muito tempo além dos outros participantes, cujos olhos já pareciam cansados após o primeiro dia de 12 horas de aprendizado intensivo.

Essas visitas ao laboratório e o treinamento iniciaram um relacionamento que culminou em mais de uma década de trabalho colaborativo entre nossa equipe de pesquisa aqui nos Estados Unidos e seus colegas no Brasil. Inúmeros projetos, incluindo artigos, conferências e treinamentos, surgiram dessas primeiras sementes. O trabalho expandiu-se do foco das adições para incluir outros distúrbios comórbidos que comumente cursam junto com a dependência, como TEPT, depressão e ansiedade. Essa integração das abordagens da TCC e do *mindfulness* parecia abordar alguns dos processos subjacentes a essas comorbidades. Por meio de práticas que treinam os pacientes para ficarem com seu desconforto, em vez de tentar esquivar-se, evitá-lo ou ignorá-lo, eles geralmente conseguem se libertar de uma longa história de comportamentos cíclicos e destrutivos. Este é um paradoxo que só pode ser aprendido por meio da experiência direta, da qual cresce uma confiança que pode se tornar uma nova base para uma vida saudável e verdadeiramente feliz.

Isabel demonstrou um forte compromisso com o treinamento e a fidelidade a essas abordagens, buscando de forma consistente novas oportunidades e colaborações para aprimorar seu trabalho. Conduziu mais de 25 grupos em sua clínica usando uma integração de *mindfulness* e TCC com pacientes com depressão, ansiedade e transtorno bipolar. Ela, seus coautores e colaboradores deste livro são pioneiros em trazer essas práticas para o Brasil.

O *mindfulness* floresceu em todo o mundo, mas ainda é frequentemente combatido ou oferecido no lugar da TCC. No entanto, essas duas abordagens baseadas em evidências, quando integradas, têm um enorme potencial transformador. Este livro ricamente fundamentado oferece um exemplo raro dessa integração, incluindo os fundamentos conceituais subjacentes à integração entre TCC e *mindfulness* e uma revisão de várias abordagens diferentes baseadas em evidências que usam esse modelo. O livro termina com uma revisão das adaptações apropriadas para o Brasil e exemplos de casos e vinhetas, oferecendo-nos um ponto alto a partir do que ocorre dentro do consultório terapêutico. Este trabalho vem beneficiando e continuará a beneficiar diretamente a comunidade profissional no Brasil e todos os clientes e pacientes aos quais ela atende.

Prefácio por Rita de Cássia Fagundes Mota Rocha[‡]

Falar sobre o percurso de Isabel Cristina Weiss é uma oportunidade ímpar de revisitar sua história profissional e pessoal ao longo destes anos, pois tenho o privilégio de participar da travessia e construção empreendidas por ela.

Conheci Isabel na Faculdade de Psicologia do Centro de Ensino Superior de Juiz de Fora, cursando a disciplina sob minha responsabilidade: Teorias e Técnicas Psicoterápicas, sendo o conteúdo Teoria e Técnica de Psicanálise com Crianças. Isabel era uma aluna interessada, estudiosa, participativa, com capacidade e habilidade de cumprir com excelência todos os seus compromissos acadêmicos. Quando o estágio de clínica estava se aproximando, teve a atitude ética de buscar análise como um instrumento que lhe possibilitaria trabalhar suas questões pessoais, sustentando da melhor forma possível sua escuta e manejo do tratamento daqueles que se dirigiam à clínica-escola da faculdade.

Quando estava com pouco tempo de formada, a Prefeitura Municipal de Juiz de Fora abriu concurso para Psicólogos e Psicólogas. Ela se inscreveu e dedicou o maior tempo possível aos seus estudos preparatórios, que justamente lhe permitiram obter o primeiro lugar nas provas de conhecimento, e o segundo lugar quando o currículo foi contabilizado e ela, na condição de recém-formada, estava começando a construir o seu. Foi contratada para trabalhar na Secretaria de Saúde, onde investiu o seu potencial técnico e criativo na elaboração e sustentação de projetos de relevância social, tais como os referentes à dependência química de álcool e drogas.

[‡] Psicanalista. Especialista em Psicologia Clínica. Mestre em Psicologia. Professora Titular do Centro de Ensino Superior de Juiz de Fora.

Nesse momento da sua vida, Isabel viabilizou o seu desejo de construir uma família, movida pelo lema de que "Pouco amor não é Amor", estabelecendo uma parceria e uma maternidade singulares e intensas.

Seu investimento nos estudos sempre foi constante, e tive a oportunidade de orientá-la na elaboração de uma monografia, com a qual também muito aprendi. Cada curso foi instigante para um novo curso e para novos projetos. Isabel começou a investir na construção do seu trabalho clínico, e a maturidade e a bagagem adquiridos no serviço público, bem como o retorno à análise pessoal, lhe possibilitaram ser reconhecida pelos seus pares e pela comunidade juiz-forana, estabelecendo-se assim como uma das Psicólogas Clínicas mais bem conceituadas de nossa cidade.

Como lhe é próprio, ficou na Prefeitura de Juiz de Fora enquanto foi possível fazer o que acreditava e considerava melhor. Quando passou a desejar outros projetos, foi em direção a eles, fechando ciclos e encurtando todas as fronteiras em busca de saber, criar e sustentar com cientificidade o que de melhor a Teoria e Prática referentes à Terapia Cognitiva-Comportamental pudesse oferecer como tratamento e ensino aos que por ela se interessavam.

Participou de pesquisas e elaborações de trabalho na Universidade Federal de Juiz de Fora como mestranda e colaboradora, lecionou em faculdade enquanto isso foi conciliável com suas atividades profissionais, acadêmicas e pessoais, foi para São Paulo, fez doutorado de uma forma ativa e integrada a vários projetos, criou laços afetivos e profissionais, testemunhou desafetos, sonhou, desiludiu, acreditou, escolheu, (des)escolheu, concluiu, foi mais além saindo do país, rompendo fronteiras da língua, mantendo o trabalho clínico, trazendo novos dispositivos para sustentá-lo, cuidando da sua família, mudando sem perder de vista a sua ética e a lealdade a quem fez jus recebê-la. Lutos foram vividos para serem elaborados e a jornada poder continuar. Creio que o momento de concluir como finalização pura e simples não virá. "Há tanta vida lá fora", e ela vai continuar buscando e construindo.

Enuncio o meu agradecimento por poder participar desta travessia com ela e o meu desejo de que ela esteja onde estiver, chegue aonde chegar, preserve e cuide da *Bel*.

Juiz de Fora, setembro de 2019.

Prefácio por Dr. Farooq Naeem[§]

É um privilégio para mim poder prefaciar este novo livro de Isabel Weiss. Eu me familiarizei com o trabalho de Isabel há dez anos, quando estava editando um livro intitulado *Cognitive behaviour therapy in non Western cultures*. O capítulo que ela escreveu para o livro concentrava-se no uso da TCC na América do Sul. O trabalho pioneiro de Isabel em testar e promover a TCC atuou como um catalisador e posso ver que a TCC se tornou popular no Brasil e países vizinhos. Também fico feliz em ver que Isabel continuou trabalhando para promover terapias de TCC e terceira onda, em particular o *mindfulness*.

Pessoas de países latino-americanos são bem conhecidas por sua profunda conexão com a religião e a espiritualidade e, portanto, o uso do *mindfulness* no Brasil faz muito sentido, além de destacar a profunda compreensão de Isabel acerca de conexões culturais e distintas realidades. Admiro seu rigor científico e seu trabalho contínuo que abordou problemas de saúde emocional e mental, bem como problemas de saúde pública, como a cessação do tabagismo.

A terapia cognitivo-comportamental é uma intervenção baseada em evidências recomendada por diretrizes nacionais na Europa, Austrália e Nova Zelândia e América do Norte. No entanto, a aceitação dessa terapia baseada em evidências tem sido baixa para a população local fora dessas regiões, onde vive mais de 80% da população mundial. Embora existam várias barreiras à disseminação da TCC em culturas não ocidentais, alguns esforços louváveis foram feitos na adaptação cultural, em testes e na implementação da TCC fora do mundo ocidental.

---

§ MRCPsych, MSc Research Methods, PhD. Professor, University of Toronto & Staff Psychiatrist, Centre for Addiction & Mental Health, Toronto, Canada.

Portanto, recomendo este livro aos leitores não apenas dos países da América do Sul, mas também de outras regiões do mundo que trabalham com a população desse continente.

"Compaixão não é o relacionamento entre aquele que cura e o doente. É um relacionamento entre iguais. Somente quando nós conhecemos bem nossa escuridão, podemos estar presentes com a escuridão do outro. Compaixão se torna real quando nós reconhecemos nossa humanidade compartilhada."

Pema Chödrön

SEÇÃO I

Alguns conceitos

1

Mindfulness: apresentando o constructo

Isabel C. Weiss de Souza
Marcelo Csermak Garcia

A realidade está onde colocamos nossa atenção.
William James

ORIGEM DA PALAVRA

Ao longo dos últimos anos muito tem se falado, comentado e estudado sobre a técnica de meditação chamada *mindfulness*, que em português traduzimos por "atenção plena". Longe de querer esgotar definições e conceitos, visamos aqui proporcionar uma visão mais profunda e ancestral das origens do que hoje se tornou uma das técnicas de meditação mais difundidas dos últimos tempos no Ocidente.

A mais conhecida origem do termo *mindfulness* está atrelada comumente ao budismo, considerando aqui suas diversas escolas. Para uma de suas traduções está a palavra *sati*, que em páli, a língua original dos ensinamentos budistas, significa "recordação" ou "lembrança"[1] e, mais precisamente, o não esquecimento da mente em relação ao objeto experimentado, sendo a sua função a não distração, conforme expresso no comentário do grande mestre budista Asanga a um importante texto dessa tradição[2].

Nesse contexto, *mindfulness* (*sati*) significa cultivar a ausência da distração e também reter na mente o que se está fazendo, sem confusão ou sem se perder ou fantasiar, enxergando a natureza verdadeira dos fenômenos exatamente como são, no momento em que eles surgem para o praticante, gerenciando ou vigiando a mente para que se tenha noção dos estados em que ela se encontra, se nocivos, virtuosos ou neutros. O objetivo do *mindfulness* disposto dessa forma nos ensinamentos mais antigos propõe como a realidade última da prática a busca pela sabedoria e a completa compreensão das características essenciais daquilo que estamos observando, entendendo em seu âmago a real impermanência desses fenômenos, a presença da insatisfatoriedade, a natureza daquilo que se experimenta, com a mente observando a si mesma em todos os aspectos.

Em termos conceituais e em relação à prática em si, também referenciamos o *mindfulness* a uma técnica de meditação chamada *Vipassana*, que foi proposta pelo budismo da escola Theravada, sendo a vertente mais antiga a se formar e receber os ensinamentos de Sidarta Gautama. *Vipassana* significa basicamente "ver as coisas como elas realmente são"[3] ou ainda entender como ter uma atenção consciente daquilo que está se descortinando durante toda a experiência vivencial dos momentos em que estamos imersos em nossa realidade presente.

Aqui vamos além, ou seja, investigamos as origens vedantas dos termos e conceitos que, de forma primeva, dão origem filosófica a toda conceitualização das técnicas e à compreensão do *mindfulness*, já que o precedem historicamente e influenciam sobremaneira as estruturas da religião subsequente que seria o budismo.

Em temos filosóficos ancestrais, é na filosofia vedanta que tudo se origina: trata-se da fonte em que Buda inicia seus conhecimentos e que depois em parte mantém-se em seus amplos ensinamentos. Historicamente, podemos mencionar a outra tradução da palavra *mindfulness* para o sânscrito, de onde aparece a raiz conceitual que é *smriti*, cujo significado clássico é traduzido como "memória" ou "chamar e trazer algo à mente", "lembrar" ou "relembrar". Esse termo deriva do verbo *smarati*, traduzido como "estar ciente de algo ou alguma coisa", "estado ativo da mente", "fixar fortemente a mente sobre um objeto", "atenção", "atentividade" e "consciência"[1]. Estes termos são encontrados nas primeiras traduções do páli/sânscrito para o inglês, sendo Thomas William Rhys Davids o primeiro a traduzi-lo, em 1881[1].

Mindfulness (smriti) é considerado uma das cinco modificações possíveis da mente, citado pelos *Yoga Sutras* de Patanjali, dito como um dos textos mais sublimes e profundos de todo o conhecimento filosófico espiritual hindu[4]. Esses pontos de modificação da mente são atingidos uma vez que o praticante se desliga por completo do mundo exterior, alcançando estágios profundos de concentração. Dessa forma, a memória se consolida, e dizemos que ela se torna clara e pura, fazendo que o conhecimento real do objeto de observação da prática – seja a sua respiração, suas sensações físicas ou um som – brilhe através da mente e, assim, um novo grau de consciência é atingido. Nesse estado, a confusão mental que era comum acontecer na mente vai sendo trocada, aos poucos, por um estado de maior clareza no qual novos níveis de conhecimento e consciência são desenvolvidos[4].

Quando falamos de *mindfulness* ou plena atenção, logo relacionamos à sua prática as impressões das funções cognitivas executivas como foco, atenção, concentração e memória. Vamos então nos aprofundar e mostrar a beleza e magnitude desses conceitos ao agregar os valores da pura filosofia e metafísica vedanta, especialmente sob a visão dos *Yogas Sutras* de Patanjali, texto em que os elaborados estudos sobre mente e consciência são desvendados. É justamente a partir desse ponto que iniciamos uma jornada nos ensinamentos e na sabedoria do *mindfulness*.

MINDFULNESS: FILOSOFIA E ANCESTRALIDADE

Nessa perspectiva filosófica que comentamos até aqui, a mente é apenas um instrumento e as funções cognitivas são um espelho da realidade. Desse modo, assim como a mente registra as impressões dos nossos cinco sentidos físicos – e, também, por que não falar da intuição como um sentido existente em uma concepção mental clara e harmônica? –, da mesma forma a nossa essência pode se conectar em uma compreensão alinhada com o conhecimento recebido através dos diferentes níveis dessa mente, níveis estes que passam pelo conhecimento tanto intelectual, como experimental e espiritual.

A consciência ilumina a mente em todos os seus níveis; ela é a fonte de iluminação para todos os diferentes níveis mentais, diz o erudito I. K. Taimni em seus apontamentos sobre filosofia do yoga[4].

As práticas de *mindfulness* envolvem uma observação introspectiva, intencional e constante em que durante, o processo, diversos fatores mentais e consciencionais são desenvolvidos, reconhecidos e trabalhados, sendo um dos objetivos das práticas esta inter-relação desapegada, impassível e fluida entre o conhecedor e o conhecido, entre a mente e o objeto sobre a qual ela repousa em curiosidade dinâmica. Mas para que esse reconhecimento tenha efeito duradouro, é preciso que toda a experiência seja impressa na memória, a fim de que sejam utilizados seus conhecimentos adquiridos. Então, essa modificação da mente é entendida como a natureza sutil e clara da memória porque é uma reprodução na mente de algo que está sendo vivido. Uma vez que a memória como atributo da consciência se torna mais apurada, a mente está pronta para alcançar o autodomínio e a autopercepção.

Nesse momento nota-se então a dissolução dos agregados da mente, que são as formas, as sensações, as percepções, formações mentais e consciência[5]. Buda, em seus discursos, diz que quando nos apegamos a esses agregados eles nos causam sofrimento, e a sua dissolução, portanto, liberta a mente desse estado. Fundamentalmente, o objetivo das práticas é justamente romper com esses elos de sofrimento, pela dissecação da mente e seus aspectos destrutivos de ignorância, aversão, apego e cobiça. Então, dessa forma, há uma fusão do que chamamos subjetivo com o objetivo, sendo este um dos caminhos para se atingir os estados de maior elevação chamados *samadhi*[6].

É quando se conhece então a união da realidade da experiência objetiva com o que a mente está percebendo naquele momento em concentração sustentada, de forma que se passa a um nível de consciência maior, possibilitando conhecer o objeto da sua atenção como ele é, sem as excessivas criações mentais que facilmente construímos durante essas experiências de meditação e que podem acontecer sem que nos demos conta. Assim, o objeto da prática naquele momento é visto em sua realidade nua. Alguns autores descrevem isso como o brilho da consciência primordial ou *rigpa* em tibetano, que seria a pura luz de êxtase[7] e cujo conceito passa por reconhecer, agora sem os floreios da mente, a experiência como ela é, porém em um estado de consciência muito maior. Durante a prática do *mindfulness*, o conhecimento real do objeto passa a ter fundamental importância; nesse sentido, deve-se ter a intenção inicial de escolher o motivo e a motivação, importantes ingredientes para a prática bem-sucedida. Esse objeto pode ser algo imaterial como um sentimento, uma sensação proveniente da mente ou de algum dos cinco sentidos, algum problema ou alguma dúvida existencial ou simplesmente as sensações da respiração, ou concentração em outros objetos que o praticante escolha.

Então podemos sempre ter em mente que uma das principais propostas do *mindfulness* diz respeito ao treinamento da mente para que esta crie a capacidade de perceber e a vontade de exercer a mudança necessária para a realização de seu objetivo, que é o de reconhecer a consciência luminosa primordial, ou seja, conhecer a sua essência, princípio maior do autoconhecimento que se deseja alcançar pelas práticas de *mindfulness*.

Ao praticar, a mente naturalmente conquista a capacidade de discernir, o que se chama de aquisição da consciência discriminatória, trabalhando para purificar pensamentos e emoções ineficazes e impuras, cultivando estados mais positivos de pensamentos dignos e de real valor, porque os estágios de desenvolvimento da consciência mais elevados são geradores da verdade e da retidão. Um ponto importante é o grau de dedicação que se tem com a prática, sendo esse progresso determinado pela seriedade do praticante e buscador e pelo desejo de polarizar as potencialidades e faculdades da mente a seu favor.

Portanto, quando o praticante domina o campo do conhecimento, é hora de dominar o campo da prática (o que, em última análise, ocorre concomitantemente no processo de auto-observação), e mais do que tudo, são as práticas de *mindfulness* que definem seu real valor e as suas medidas.

É justamente na possibilidade de transformar essa técnica em uma estrutura metodológica, passível de ser estudada e repetida, que a ciência moderna se apropria de todas essas informações metafísicas, interessando-se pelos relatos dessas práticas que são treinadas há milhares de anos e vendo nelas uma chance de agregar valores à moderna medicina. Sendo assim, agora o *mindfulness* segue seu rumo com a conceitualização e conquistas no Ocidente, agregando novos valores conceituais, psicológicos e cognitivos.

CONTEXTUALIZANDO *MINDFULNESS* NO OCIDENTE

A introdução de *mindfulness* no campo da psicologia, da medicina comportamental e no dia a dia dos ocidentais é relativamente recente. Iniciou nos últimos anos do século XX com o trabalho de Jon Kabat-Zinn no Centro Médico da Universidade de Massachussetts, nos Estados Unidos, em que pacientes afetados pela dor e o estresse eram convidados a serem submetidos ao treinamento da atenção diligente, em grupos, com programa elaborado a partir da própria experiência do pesquisador com as tradições orientais budistas[8].

A partir disso, Kabat-Zinn desenvolveu um protocolo de oito semanas baseado em meditação, basicamente secular, e orientado a auxiliar os pacientes na administração do estresse decorrente do sofrimento associado a alguma doença, o qual foi denominado *Mindfulness-Based Stress Reduction* (MBSR – Redução do Estresse Baseada em *Mindfulness*)[9].

Em sua obra *Full Catastrophe Living – Using the Wisdom of Your Body and Mind to Face Stress, Pain, and Illness*, Kabat-Zinn[8] relata que a experiência se tornou de vital importância para aqueles que buscavam ajuda para recuperação de suas dores físicas e emocionais, indo muito além de um mero complemento para os tratamentos médicos convencionais. Este programa tornou-se modelo para outros programas baseados em *mindfulness* que vieram a ser desenvolvidos por outros pesquisadores clínicos, de várias universidades de renome no mundo todo, alguns dos quais serão apresentados mais detalhadamente neste livro.

O ato de levar atenção e consciência à experiência do momento presente, um conceito do que seria o *mindfulness* amplamente divulgado nos dias atuais e atribuído a Kabat-Zinn, não é equivocado, mas incompleto, uma vez que se trata de um amplo construto, que envolve a capacidade de estar conectado com a experiência do momento presente, assim como de um traço inerentemente humano associado à atenção e à consciência capaz de promover a autorregulação, além de constituir uma técnica de meditação que auxilia e promove a saída do piloto automático, levando à congruência com estados internos de necessidade e, naturalmente, à intencionalidade nas ações[10,11].

Da mesma forma, talvez reducionista seja a tradução que se fez do termo *mindfulness* para a língua portuguesa: atenção plena. Estar atento e orientado à experiência do momento presente, de forma intencional, com aceitação e sem julgamento é o que talvez mais se aproxime da experiência *mindful*. No Brasil, adota-se o termo *mindfulness*, apesar de difícil pronúncia para os brasileiros, primeiramente para se evitar o reducionismo, assim como para que toda a produção científica no país, que vem crescendo exponencialmente nos últimos anos[12], encontre ressonância terminológica no restante do mundo na era digital.

INCORPORAÇÃO DO CONSTRUCTO NA SAÚDE

"Mindfulness é o oposto do funcionamento no piloto automático, o oposto de devanear; é prestar atenção ao que é proeminente no momento presente"[13,23]

No campo das ciências, o constructo também ganhou força a partir de avanços nas neurociências, como será abordado no Capítulo 3 desta obra. *Mindfulness* partiu da noção de estar consciente no momento presente para um método de desenvolver um estado mental que proporciona o controle volitivo sobre comportamentos mal adaptativos que contribuem para a manutenção dos transtornos clínicos[14].

Mindfulness é um estado mental que proporciona abertura e aceitação da experiência do momento presente, cultivando uma "consciência fresca", sem restrições, livre de hábitos antigos e condicionados, o que promove uma dissociação entre estímulo e resposta. Estudos anteriores já relacionavam a terapia comportamental com a quebra de aquisição de respostas relacionadas ao condicionamento clássico, como estudado por Pavlov[15]. Estudos mais recentes confirmam que o treinamento em meditação baseada em *mindfulness*, também considerada uma técnica da terapia comportamental, desfaz a aprendizagem relacionada ao comportamento condicionado[14], o que faz pensar no potencial dessa ferramenta no tratamento de transtornos mentais.

Muitos estudos vêm sendo publicados em periódicos internacionais na área da saúde, promovendo cada vez mais credibilidade na incorporação dessas práticas aos protocolos clínicos. Ao mesmo tempo, tem sido frequente o alerta na literatura quanto à necessidade de se considerar a integridade das intervenções baseadas em *mindfulness* que se aplicam, no tocante principalmente à qualidade da formação e expertise dos instrutores de *mindfulness*, ao cumprimento de um manual padronizado de boas práticas, assim como à fidelidade aos programas que estão sendo testados, em nome do desenvolvimento rigoroso e sustentável da ciência neste campo[16].

Zindel Segal et al.[17] publicaram, em 2002, o protocolo adaptado para atender a outra demanda clínica, no caso a depressão, e desenvolveram o programa *Mindfulness-Based Cognitive Therapy* (MBCT – Terapia Cognitiva Baseada em *Mindfulness*). Também Bowen et al.[18] começaram a publicar os primeiros estudos demonstrando a eficácia do uso da meditação *mindfulness* com população encarcerada dependente de substâncias, até desenvolverem o programa *Mindfulness-Based Relapse Prevention* (MBRP – Prevenção de Recaídas Baseada em *Mindfulness*)[19], integrando as práticas de meditação baseadas em *mindfulness* ao já consagrado Programa de Prevenção de Recaídas[20].

Os programas baseados em *mindfulness* incluem adaptações seculares das práticas meditativas, as quais, como já dito aqui anteriormente, têm uma longa história nas tradições espirituais do Oriente. O que a ciência veio aos poucos confirmando é que o cultivo dessas práticas potencializa a saúde mental e física, mesmo daqueles que não se interessam em adotar práticas religiosas, espirituais ou budistas em suas vidas[21].

Ao longo das últimas décadas, *mindfulness* vem sendo incorporado ao tratamento de diversas doenças, especialmente no campo da saúde mental, por psicólogos e psiquiatras treinados, que levam os conceitos e as técnicas para a clínica do dia a dia com seus pacientes. Alguns profissionais investem em disponibilizar treinamentos formais de habilidades em *mindfulness* aos pacientes, principalmente por meio de programas de 8 semanas, conforme explicaremos melhor adiante, na Parte II do livro.

Outros profissionais incorporam os conceitos na psicoterapia, sem necessariamente oferecer o treinamento formal[21]. Geralmente estes profissionais atuam na chamada terceira geração das terapias cognitivo-comportamentais (TCC), que reforçam o compromisso com intervenções empiricamente testadas das duas gerações anteriores[12]. Essa situação será mais detalhada no Capítulo 2.

MINDFULNESS NA TERAPIA COGNITIVO-COMPORTAMENTAL

TCC e intervenções baseadas em *mindfulness* (IBMs) envolvem ambas uma ampla variedade de modelos de atuação. No entanto, os princípios relacionados à mudança envolvidos nessas abordagens apresentam grande similaridade e uma interface que vem permitindo a associação dessas duas intervenções com boa sintonia, uma potencializando a outra. Fresco e Mennin[22] apresentam alguns princípios comuns às duas abordagens, que ajudam a explicar a sua integração:

- Mudança da atenção: um dos principais objetivos das IBMs diz respeito à aquisição de uma atenção sustentada e ampliada e, para isso, se utilizam de várias práticas de meditação, incluindo escaneamento corporal e meditação caminhando, entre outras, com o intuito de auxiliar o indivíduo a estabilizar a sua mente, ancorando-a no corpo, na respiração ou no que surgir no momento presente, desenvolvendo flexibilidade cognitiva e metaconsciência.

Por outro lado, na TCC, algumas técnicas auxiliam na detecção de gatilhos e automonitoramento, o que amplia a consciência do que acontece interna e externamente ao indivíduo.

- Mudança metacognitiva: este princípio, que está presente na TCC e nas IBMs, diz respeito ao desenvolvimento de habilidades adaptativas que visem alterar o sentido verbal e o significado emocional dos eventos, baseados no descentramento em ambas as abordagens e na reavaliação, no caso da TCC.

Descentramento é compreendido como a capacidade metacognitiva de observar o que surge na mente (pensamentos, sentimentos, memórias), com uma distância saudável, em perspectiva e com autoconsciência (*self-awareness* – "consciência de estar consciente"), sem se envolver ou se definir por aquela experiência, diminuindo a reatividade automática ao conteúdo dos pensamentos. Trata-se de um efeito bastante comum observado entre aqueles que passam pelo treinamento de *mindfulness* ou TCC complementada por IBMs.

Já a reavaliação diz respeito exclusivamente à TCC, quando o paciente é levado a buscar evidências a respeito do que pensa de uma experiência ou situação, sendo a técnica mais conhecida nesse sentido a chamada Reestruturação Cognitiva. Nesse caso, usando de questionamento lógico e identificando distorções cognitivas, assim como estimulando os pacientes a buscarem novas possibilidades de sentido mais racionais e realísticas, o terapeuta auxilia a alterar o significado emocional de uma experiência.

Já as técnicas de exposição e ativação comportamental, bastante comuns na prática da TCC com o objetivo de promover respostas comportamentais que poderão resultar em reforço positivo e um repertório comportamental mais amplo, flexível e adaptativo, não estão presentes nas IBMs, contudo são muitas vezes complementares a elas[22].

Neste livro apresentaremos alguns programas baseados em *mindfulness* que vêm sendo usados como importante complemento no tratamento de transtornos mentais, chegando a compor o protocolo de tratamento da depressão como em países do Reino Unido[23], bem como outros programas baseados em *mindfulness* na área da saúde que vêm alcançando sucesso na prevenção de doenças e promoção de saúde.

CONSIDERAÇÕES FINAIS

Fora do contexto das psicoterapias, *mindfulness* vem sendo usada como uma ferramenta para promoção do bem-estar, em escolas, corporações e empresas. Sua relação com possíveis riscos, danos e efeitos adversos quando apresentada sem os devidos cuidados, de forma indiscriminada, contudo, merece ainda ser mais bem investigada[24].

Ao longo deste livro enfocaremos este amplo constructo e sua aproximação com princípios da TCC no tratamento da ansiedade, depressão, comportamentos compulsivos e estresse, um campo que vem sendo testado empiricamente com resultados promissores, porém ainda não conclusivos[25].

Na Parte III do livro será apresentada uma versão adaptada transdisciplinar do MBRP, uma experiência da organizadora do livro com pacientes de diversas demandas clínicas que receberam juntos o protocolo em grupo do então nomeado Treinamento Introdutório à Prática Pessoal de Meditação Baseada em *Mindfulness*, numa cidade do interior de Minas Gerais.

Esperamos que esta obra possa contribuir no entendimento desta combinação de tratamentos que vem crescendo e tomando forma no mundo todo e, assim, produzir interesse no desenvolvimento de estudos de eficácia e efetividade que possam cada vez mais consolidar esta ferramenta e oferecer uma metodologia passível de verificação e reprodução no campo das ciências e que possa ser também viável à clínica do dia a dia.

REFERÊNCIAS BIBLIOGRÁFICAS

1. Gethin R. On some definitions of mindfulness. Contemp Buddhism. 2011;12(1):263-79.
2. Asanga. Abhidharmasamuccaya: the compendium of the higher teaching, Philosophy. Fremont: Jain Pub Co; 2001.
3. Hart W. The art of living: Vipassana meditation as taught by S.N. Goenka. 1st ed. San Francisco: Harper & Row; 1987.
4. Taimni IK. A ciência do yoga. Brasília: Teosófica; 2018.
5. Nhất Hạnh. A essência dos ensinamentos de buda: como transformar o sofrimento em paz, alegria e liberação. Rio de Janeiro: Rocco; 2001.
6. Bhaskarananda S. Meditação: a mente e a yoga de Patanjali: um guia para o desenvolvimento espiritual. Rio de Janeiro: Lótus do Saber; 2005.
7. Rinpoche S. O livro tibetano do viver e do morrer. São Paulo: Talento; 1999.
8. Kabat-Zinn J. Full catastrophe living: using the wisdom of your body and mind to face stress, pain, and illness. Revised and updated edition. New York: Bantam Books trade paperback; 1990.
9. Ramos TPT. O que é *mindfulness*? In: Lucena-Santos P, Pinto-Gouveia J, Oliveira MS, organizadores. Terapias comportamentais de terceira geração: guia para profissionais. Novo Hamburgo: Sinopsys; 2015. p. 60-80.
10. Pires JG, Nunes MFO, Demarzo MMP, Nunes CHS da S. Instrumentos para avaliar o construto *mindfulness*: uma revisão. Aval Psicológica. 2015;14(3):329-38.
11. Bishop SR, Lau M, Shapiro S, Carlson L, Anderson ND, Carmody J, et al. Mindfulness: a proposed operational definition. Clin Psychol Sci Pract. 2006;11(3):230-41.
12. Hayes SC, Pistorello J. Prefácio. In: Lucena-Santos P, Pinto-Gouveia J, Oliveira MS, organizadores. Terapias comportamentais de terceira geração: guia para profissionais. Novo Hamburgo: Sinopsys; 2015. p. 21-7.
13. Germer K, Siegel RD, Fulton PR, organizadores. *Mindfulness* e psicoterapia. 2. ed. Porto Alegre: Artmed; 2016.

14. Hanley A, Garland E. Peace of mind, peace embodied: mindfulness-induced increases in pleasant sensations are associated with reduced opioid use disorder severity. In: Poster session presented at: 23rd Annual Conference of the Society for Social Work and Research. San Francisco; 2019.

15. Pavlov (1927) PI. Conditioned reflexes: an investigation of the physiological activity of the cerebral cortex. Ann Neurosci. Julho de 2010;17(3):136-41.

16. Crane RS, Hecht FM. Intervention integrity in mindfulness-based research. Mindfulness. 2018;9(5):1370-80.

17. Segal ZV, Williams JMG, Teasdale JD. Mindfulness-based cognitive therapy for depression. 2nd ed. New York: Guilford Press; 2013.

18. Bowen S, Witkiewitz K, Dillworth TM, Chawla N, Simpson TL, Ostafin BD, et al. Mindfulness meditation and substance use in an incarcerated population. Psychol Addict Behav J Soc Psychol Addict Behav. 2006;20(3):343-7.

19. Bowen S, Chawla N, Marlatt GA. Mindfulness-based relapse prevention for addictive behaviors: a clinician's guide. New York: Guilford Press; 2011.

20. Marlatt GA, Gordon J, organizadores. Relapse prevention: maintenance strategies in the treatment of addictive behaviors. New York: Guilford Press; 1985.

21. Nagy LM, Baer RA. Mindfulness: What should teachers of psychology know? Teach Psychol. 2017;44(4):353-9.

22. Fresco DM, Mennin DS. All together now: utilizing common functional change principles to unify cognitive behavioral and *mindfulness*-based therapies. Curr Opin Psychol. 2018;28:65-70.

23. Crane RS, Kuyken W. The Implementation of Mindfulness-Based Cognitive Therapy: learning from the UK Health Service Experience. Mindfulness. 2013;4(3):246-54.

24. Lindahl JR, Fisher NE, Cooper DJ, Rosen RK, Britton WB. The varieties of contemplative experience: A mixed-methods study of meditation-related challenges in Western Buddhists. Brown KW, organizador. PLOS ONE. 2017;12(5):e0176239.

25. Van Dam NT, van Vugt MK, Vago DR, Schmalzl L, Saron CD, Olendzki A, et al. Mind the hype: a critical evaluation and prescriptive agenda for research on Mindfulness and meditation. Perspect Psychol Sci J Assoc Psychol Sci. 2018;13(1):36-61.

2

Psicoterapia cognitivo--comportamental e as práticas de *mindfulness*: uma breve trajetória

Isabel C. Weiss de Souza
Viviane Fukugawa

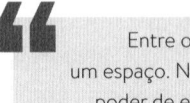

> Entre o estímulo e a reação há um espaço. Neste espaço está nosso poder de escolher nossa resposta. Na nossa resposta está nosso crescimento e nossa liberdade.
> *Viktor Frankl*

INTRODUÇÃO

A relação entre religião e espiritualidade com a psicologia, bem como com a ciência, vem sofrendo mudanças. Atualmente elas são encaradas como aliadas em vários tratamentos e abordagens terapêuticas, sejam elas medicamentosas ou não, a ponto de a Organização Mundial da Saúde e o *Manual diagnóstico e estatístico de transtornos mentais* (DSM-5) terem incluído em suas publicações as questões religiosas e espirituais e discutido sua relação com a saúde no sentido mais amplo de seu significado[1].

Foi nessa relação de proximidade entre religião, ciência e psicologia que surgiu uma nova técnica terapêutica: o *mindfulness*. Em 1979, na Escola de Medicina da Universidade de Massachussets (EUA), Jon Kabat-Zinn aproveitou esse movimento e incorporou práticas budistas (principalmente a meditação) em seus trabalhos e na terapia com seus pacientes com foco na redução de dores crônicas, estresse e sintomas depressivos, originando o que hoje se conhece por Redução de Estresse Baseada em *Mindfulness* (*Mindfulness--Based Stress Reduction – MBSR*, em inglês). Para ele, *mindfulness* é: "a consciência que surge quando prestamos atenção – com propósito – no aqui e agora e sem julgamentos"[1,2].

Cabe salientar que há uma visão bastante difundida de que o budismo não é apenas uma religião, e sim uma ciência da mente, uma vez que não possui dogmas e opera de forma experimental, não descartando a ideia de que a ciência contemporânea possa contribuir para o bem-estar e a saúde, uma vez que considera a ignorância como uma das causas de sofrimento. O atual Dalai Lama, figura principal desta que é a quarta maior religião do planeta, corrobora com essa perspectiva: possui interesse especial nas neurociências e nutre admiração e respeito pelo método científico. O budismo, além disso, constitui uma religião ateia, pois nela não se defende a existência de um ser criador onipotente[2].

Assim como a terapia cognitiva, o budismo visa eliminar o sofrimento, alcançar o bem-estar e a felicidade. Sua maneira de encarar o sofrimento e suas origens também são coincidentes em diversos aspectos. Ambos encaram o sofrimento como resultado da forma como a mente processa os objetos ao nosso redor e as experiências que tivemos. O budismo enxerga a realidade como algo estabelecido pelo pensamento, que produz opiniões e valores que atuam como geradores de sentimentos que levam, por sua vez, à insatisfação e ao sofrimento. Já a ideia central da terapia cognitiva é que nossas emoções não são determinadas por nossos feitos e experiências da vida, e sim pelo modo como nossas mentes percebem, analisam e processam esses eventos[2].

Aaron Beck, psiquiatra fundador da terapia cognitiva, demonstrou em seus estudos clínicos, na Universidade de Yale[3], que a origem dos problemas de seus pacientes estava nas ideias equivocadas e distorções de pensamento, inclusive naqueles com quadros de depressão, pensamentos negativos acerca de si, do mundo e do futuro. O tratamento proposto por ele consistiu em ajudar os pacientes a identificarem tais distorções, a confrontá-las e resolvê-las com a lógica e a razão. Beck[3] empregou o método científico em seus estudos, mostrando sua eficácia em uma variedade de transtornos mentais, tornando-se um dos maiores expoentes da psicologia.

O atual Dalai Lama e Aaron Beck se reuniram em 2005 no 5º Congresso Internacional de Psicoterapia Cognitiva e concordaram que budistas e terapeutas comportamentais compartilham o mesmo objetivo, os mesmos valores, identificam as mesmas causas de insatisfação e sofrimento, e utilizam métodos semelhantes para treinar e acalmar a mente, além de ambos valorizarem a geração e o cultivo de um estado de alerta e atenção mental, com efeitos terapêuticos comprovados[2].

Apesar de ser parte essencial do budismo, *mindfulness* não é um conceito religioso ou espiritual. Trata-se de um conceito que pode ser entendido de um ponto de vista puramente cognitivo (e, portanto, laico), sendo reconhecido e estudado pela ciência, com várias aplicações práticas em diversas escolas da psicologia clínica, como Gestalterapia, a Terapia de Aceitação e Compromisso (ACT – na qual o *mindfulness* é considerado um importante recurso para ajudar o paciente no processo de aceitação, que é diferente de resignação), Terapia Comportamental Dialética (TCD – na qual o *mindfulness* é uma das quatro habilidades críticas que podem ajudar na regulação emocional diante de emoções intensas) e Terapia Cognitiva Baseada em *Mindfulness* (MBCT – do inglês *Mindfulnes-Based Cognitive Therapy*) e o já citado Redução de Estresse Baseada em *Mindfulness* (MBSR)[1,2].

Outra definição de *mindfulness* foi elaborada em 1989 pela psicóloga e pesquisadora da Universidade de Harvard Ellen Langer, que o identificou como uma negação das características de *mindlessness*. *Mindlessness*, por sua vez, é caracterizado como viver de acordo com hábitos ("piloto automático", segundo a autora); sem reflexão acerca dos acontecimentos; sem análise crítica de conceitos socialmente convencionados como corretos; sem percebermos as necessidades reais que existem por trás dos nossos alvos superficiais ou comparando-se frequentemente com outras pessoas[4].

Dessa forma, *mindfulness* é conceituado por ela como a criação contínua de novas categorias para interpretação das vivências, com atenção plena à situação e ao contexto. Essa visão, considerada ocidental, possui similaridades com a visão oriental de Jon Kabat-Zinn, compartilhando um entendimento do sofrimento humano e suas origens. Assim, nas duas tradições, *mindfulness* significa maior sensibilidade ao contexto e ao sentido da vivência, permitindo que se possa estar mais apto a agir com plena consciência[5].

A TERCEIRA ONDA DAS TERAPIAS COGNITIVO--COMPORTAMENTAIS

Steven C. Hayes[6] propôs uma divisão da terapia cognitivo-comportamental (TCC) em ondas que vem sendo amplamente adotada, apesar de algumas resistências. Segundo ele, a primeira onda (muito conhecida como terapia comportamental) foi desenvolvida por volta dos anos 1950, ocupando-se naquele momento da aplicação de princípios clássicos do condicionamento operante proposto pelo norte-americano Burrhus Frederic Skinner (1904-1990), considerado a maior expressão do behaviorismo, para complementar a ideia de reflexo condicionado desenvolvida em pesquisas anteriores pelo russo Ivan Pavlov (1849-1936).

Com o tempo, considerar estímulo-resposta (E-R) e análise do comportamento apenas mostrou-se insuficiente na compreensão do papel da linguagem humana, assim como da cognição e de padrões de comportamentos mais elaborados. Assim, a necessidade de estudar princípios e métodos que incorporassem os pensamentos e sentimentos dos pacientes começou a se tornar premente[7].

Dentro dessa perspectiva de ondas, surge então na década de 1960 a segunda onda da TCC, tendo Aaron Beck, nascido em 18 de julho de 1921 e ainda muito produtivo no campo das TCC, como um dos maiores representantes do movimento que emerge com o foco em acessar e intervir nas cognições disfuncionais, em pensamentos negativos e crenças irracionais, com um arsenal de técnicas que visam identificá-los e desafiá-los, objetivando uma reestruturação cognitiva, com foco no alívio de sintomas e/ou na mudança de comportamento[7].

As duas primeiras ondas da TCC emergiram e se desenvolveram baseadas em princípios e métodos muito bem definidos e empiricamente validados, e a segunda onda segue como modelo dominante de psicoterapia mundo afora, demonstrando ser custo-efetiva no tratamento de uma enorme gama de doenças psiquiátricas, com ou sem uso concomitante de medicação[3,7].

Aaron Beck recebeu influência de contemporâneos como Albert Ellis (criador da Terapia Comportamental Racional Emotiva) e George Kelly, que postularam que o processamento de informação é enviesado e sistematicamente distorcido pelas experiências do indivíduo que vai construindo uma espécie de lente pela qual enxerga a realidade. Erros e distorções acontecem, em menor ou maior grau, e vão produzir as chamadas distorções cognitivas (p. ex., supergeneralização, abstração seletiva, personalização, entre outras), que dentro dessa perspectiva vão dar origem às estruturas cognitivas e aos esquemas[3].

Uma vez que esses esquemas são ativados por eventos externos, drogas ou fatores endócrinos, eles tendem a enviesar a informação, produzindo um conteúdo cognitivo típico de um transtorno mental específico[3]. O modelo cognitivo de Beck surgiu a partir de seus estudos com a depressão, mas vem se aplicando aos mais diversos transtornos mentais, partindo da premissa básica de que a forma como o sujeito se enxerga, vê o outro e imagina o futuro (tríade cognitiva) irá determinar a forma como se relaciona consigo mesmo e com os demais, assim como sua visão de futuro. No caso especificamente da depressão, ele tende a negativizar a experiência, mesmo aquelas que são positivas. Um exemplo típico disso é quando a pessoa, após receber um bom resultado nos exames da faculdade, diz: "mas também, estava fácil" (desqualificação do positivo).

Vale ressaltar que não existe propriamente um consenso sobre a terminologia usada na TCC. Didaticamente (inclusive neste texto) consideramos a terapia comportamental (behaviorista) anterior ao modelo beckiano, que por sua vez é considerado Terapia Cognitiva (TC), mas também referido como TCC em muitas ocasiões. Porém, há autores que defendem a ideia de que o termo Terapia Comportamental é o mais abrangente e apropriado, pois inclui as três ondas, sendo a TCC muitas vezes identificada para se referir a tratamentos que se utilizem da reestruturação cognitiva, o que não seria o caso das terapias de terceira onda (16), mas também foi proposto o termo "terapia cognitivo comportamental contextual" como uma forma de resolver esse impasse, apesar de não ser muito utilizado[7].

A terceira onda das terapias comportamentais, portanto, surgiu nos anos 1990 a partir dessas duas ondas anteriores, agregando alguns conceitos, reformulando outros e principalmente se aventurando em áreas antes não exploradas pela ciência, como *mindfulness*, aceitação, compaixão, valores de vida, contexto, entre outros[8]. O treino de habilidades proporcionado por essas terapias de terceira onda permite ao paciente se desengajar de pensamentos por meio do desenvolvimento de uma consciência metacognitiva, de uma forma não julgadora, aumentando a atenção intencional e a flexibilidade cognitiva, como será discutido neste livro ao longo dos capítulos clínicos.

É amplo o leque das terapias de terceira onda, que não têm como primeiro objetivo a mudança de comportamento, pois são contextuais, utilizando-se de técnicas experienciais que, na realidade, permitem uma mudança bem mais ampla, passando pelo ambiente, relação terapêutica e a pessoa em si. São elas: ACT, TCD, MBCT, Terapia Focada na Compaixão (CFT), MBSR, Prevenção de Recaída Baseada em *Mindfulness* ((MBRP, do inglês *Mindfulness-Based Relapse Prevention*), entre outras[7].

Importante dizer que as terapias de terceira onda não são baseadas em modelos que priorizem os sintomas ou os transtornos mentais, uma vez que os problemas psicológicos são compreendidos como interativos, funcionais e contextuais. Essa interação diz respeito à forma como cada indivíduo interage com circunstâncias internas-externas específicas, e por essa razão o foco não está na redução do sintoma, mas na redução da experiência de evitação ao desconforto, aumentando o contato com o momento presente (onde todas as informações estão disponíveis à mente consciente e não automática) e ampliando as possibilidades de resposta aos desafios por meio da aceitação, abertura e engajamento com o que realmente importa para o sujeito (seus valores)[6].

Na Parte II deste livro, o leitor poderá tomar contato com esses conceitos por meio de vinhetas de casos clínicos, e na Parte III, através dos casos clínicos propriamente ditos, que pretendem ilustrar na prática como as terapias comportamentais de terceira onda incorporaram conceitos e práticas das ondas anteriores e de que formas se diferenciam.

ESTADO DA ARTE DAS TERAPIAS DE TERCEIRA ONDA

É cada vez mais crescente o corpo de evidências científicas que atestam os benefícios das práticas baseadas em *mindfulness* e aceitação. No entanto, existem controvérsias em relação à divisão proposta por Hayes, uma vez que é considerada talvez prematura.

A trajetória das terapias comportamentais é extensa e passou por muitos estudiosos que foram consolidando conceitos que, ainda hoje, são amplamente usados por terapeutas cognitivo-comportamentais. Além dos autores já citados neste capítulo, John Watson foi influenciado por Pavlov e ressaltou a importância de trazer objetividade ao estudo do comportamento, sendo considerado o fundador do behaviorismo. No final do século XIX, Edward Thorndike dedicou-se ao estudo sobre reforço e punição (condicionamento operante), tão utilizado nas teorias da educação. Nos anos 1930, Edmund Jacobson estudou sobre relaxamento muscular como complementar ao tratamento de diversos transtornos psicológicos e físicos, e esta técnica incorpora até os dias de hoje os protocolos de TCC, isso para citar apenas alguns importantes nomes do início do século XX[8].

Outro grande integrador das teorias anteriores, já na considerada segunda onda das TCC, Albert Bandura, com a Teoria da Aprendizagem Social (1977), inclui os conceitos de condicionamento clássico, operante, bem como aprendizagem por observação, e enfatiza o papel das cognições, ampliando as possibilidades de observação. E a Terapia Cognitiva começa a influenciar sobremaneira a Terapia Comportamental, surgindo a TCC[8]. Surgem os primeiros mediadores para o esquema E-R proposto inicialmente pelos behavioristas, como motor propulsor do comportamento humano.

Os clínicos que atuam na segunda onda preservam a objetividade e o foco, advindos de uma postura de um terapeuta comportamental, porém investem numa relação terapêutica colaborativa e priorizam os pensamentos e cognições disfuncionais como a principal causa do sofrimento[8].

Albert Feliu-Soler et al.[7] realizaram uma revisão sistemática de literatura para averiguar o impacto econômico das terapias de terceira onda no tratamento de pacientes com doenças físicas e mentais. Os autores observaram, entre outras questões importantes, que apesar dos resultados positivos em termos de estudos científicos que confirmam a efetividade e eficácia da chamada segunda onda no tratamento de muitas doenças, isso nem sempre se confirma. Eles apontam que o tamanho do efeito da TCC (*effect sizes*) para algumas condições é bem modesto, indicando que os mediadores cognitivos frequentemente não são suficientes para explicar os resultados da TCC.

Começou a surgir um certo descontentamento com a corrente principal da TCC, ao mesmo tempo uma indicação da necessidade do desenvolvimento de um modelo terapêutico que incluísse o foco na função das cognições e comportamentos disfuncionais e de um modelo de comportamento que fosse mais contextual e pragmático, com técnicas voltadas para a mudança, porém experienciais e indiretas[6]. Um novo modelo em que problemas psicológicos pudessem ser compreendidos a partir da interação do indivíduo com as circunstâncias[7], por meio de atitudes mentais que envolvam atenção monitorada e aceitação (especialmente não julgamento, abertura e receptividade da experiência atual, e equanimidade em relação às experiências externas e internas), além de autocompaixão, e que irá, portanto, contribuir para reduzir a confiança em pensamentos negativos autorreferenciais e em respostas comportamentais evitativas, que na verdade mantêm o círculo vicioso dos comportamentos disfuncionais[9].

Nesse sentido, nasce um modelo de abordagem fruto de um casamento da TCC com intervenções baseadas em *mindfulness* e que atua num amplo espectro, focado no engajamento do sujeito com o contexto, funcionando como uma terapia de exposição com ativação comportamental e que auxilia a moldar respostas comportamentais que irão resultar num reforçamento positivo, logo num círculo virtuoso. Por não ser focada no problema, a combinação de TCC com *mindfulness* atua como um antibiótico que age contra uma série de bactérias, sem um foco nos indicadores particulares de um transtorno, como diriam Fresco e Mennin[9].

Essa perspectiva transdiagnóstica da maioria dos programas baseados em *mindfulness* será bem apresentada na Parte III deste livro, na qual apresentaremos a discussão de casos clínicos de pacientes que foram atendidos com TCC e submetidos ao treinamento em *mindfulness* e contaremos um pouco sobre esta experiência: "Atirei num foco e acertei vários outros", foi o que nos disse um deles.

Os pesquisadores e clínicos da chamada terceira onda, muitos contemporâneos, são acessíveis hoje em congressos internacionais, durante os quais temos a oportunidade de compartilhar saberes, dúvidas e angústias com muitos deles, alguns dos quais colaboram em pesquisas no Brasil. Nesse ponto reside o principal motivo pelo qual talvez ainda devamos considerar prematura a definição de uma terceira onda: o fato de esta tendência ser relativamente recente e ainda pouca explorada na ciência, inclusive sob o aspecto de custo-efetividade.

A proposta deste livro é levar o leitor a reconhecer as nuances da terceira onda das TCC, especialmente nas Partes II e III, onde são discutidos aspectos clínicos por pesquisadores e clínicos brasileiros que na última década vieram estudando, pesquisando e atuando na clínica de terceira onda. Não sabemos se uma linha que demarca onde é a primeira onda, onde é a segunda onda e onde é a terceira onda será perceptível a todos. Quanto mais nos dedicamos a essas abordagens mais conseguimos reconhecer que esta divisão é mais propriamente didática, pois conceitos foram sendo incorporados e foram sendo lapidados e transformados, e esse é um processo muito bonito.

A organizadora deste livro, que começou a atuar na TCC no início dos anos 1990, conforme já mencionado, sente-se justamente nadando num enorme oceano de conhecimento, em que ao longo das últimas três décadas as necessidades diante de nossos pacientes, provocadas por limitações da teoria e da prática, nos levaram à pesquisa, e uma enorme onda vem se formando, trazendo consigo águas antes navegadas por muitos e muitos estudiosos do comportamento.

Portanto, sentimos muito por decepcionar o leitor se ele não encontrar nesta obra aquele aviso tão esperado: "Aqui começa a Terceira Onda".

CONTRAINDICAÇÕES, CUIDADOS E LIMITAÇÕES

A meditação *mindfulness* (MM) é considerada diferente das intervenções como MBSR ou MBCT, entretanto está tradicionalmente incorporada e inserida em tais terapias. Além disso, tais práticas estão no centro dos programas baseados em *mindfulness*. A prática de MM se inicia com a observação da própria respiração, expandido para incluir a consciência das sensações físicas, pensamentos e estados emocionais no presente.

O aumento do interesse na área vem sendo observado com o concomitante acréscimo de benefícios associados à meditação *mindfulness*. No entanto, pouco se pesquisa sobre os possíveis efeitos colaterais e deletérios quando aplicados a indivíduos com determinados transtornos psiquiátricos.

Lustyk et al.[10] consultaram publicações e relatos referentes às principais preocupações de segurança na prática da MM, observando assim possíveis contraindicações e cuidados. O que ele nomeou de efeitos adversos foram categorizados em três, em ordem de prevalência: "a) consequências mentais", "b) consequências somáticas/físicas" e "c) consequências espirituais", que serão aqui listados.

Entre os possíveis efeitos adversos relacionados à mente, podemos citar transtornos graves de afetividade e de ansiedade e estado de dissociação temporária. Um exemplo de transtorno de ansiedade grave é o transtorno de estresse pós-traumático (TEPT), cuja sintomatologia é consequência de um evento traumático. Como a MM preconiza a não evitação de pensamentos, indivíduos com TEPT podem experienciar situações angustiantes, como *flashbacks* e memórias do momento traumático, colocando-se em risco de retraumatização. Portanto, para assegurar sua segurança, os pacientes devem ser analisados quanto à presença de TEPT ou de história de eventos traumáticos[10].

Outro possível efeito adverso mental relatado na literatura é a despersonalização temporária. Algumas meditações têm sido associadas à indução de despersonalização, possivelmente em virtude das privações sensoriais a que os participantes se submetem. Entre os sintomas relatados, incluem-se desorientação total e confusão[11].

Ainda sobre os possíveis efeitos adversos mentais, Lustyk et al.[10] citam a psicose, que é caracterizada por delírios, alucinações e discurso e comportamento desorganizados. As privações sensoriais, a falta de sono e a prática intensa de meditação por parte dos indivíduos podem ter sido gatilhos para tais efeitos; não obstante, previamente à admissão de pacientes em programas de MM, se faz necessária a triagem quanto à predisposição de eventos psicóticos ou questionar sobre diagnóstico prévio de esquizofrenia, por exemplo.

A segunda categoria de possíveis efeitos adversos segundo os autores envolve problemas neurológicos e somáticos. Com base na literatura, a preocupação neurológica em torno da meditação se associa ao aumento da epileptogênese. Epilepsia é o diagnóstico clínico caracterizado por crises convulsivas recorrentes, e existem relatos de ocorrência de crises convulsivas durante o processo de meditação. Estudos recentes demonstraram alterações eletroencefalográficas oriundos de MM. De acordo com Jaseja[12], a meditação pode induzir uma hipersincronia neuronal, com aumento do glutamato e serotonina, que por sua vez podem diminuir o limiar convulsivo. Diante desses dados, é seguro realizar uma triagem para história prévia de crises convulsivas, visto que não é descartada a relação causa e efeito de ambos.

Outro potencial efeito adverso são as consequências somáticas, como as dores ou desconforto muscular pós-meditação. Para tanto, é aconselhável fornecer outras opções de postura para os praticantes da técnica, como sentar-se em cadeiras confortáveis ao em vez de sentar-se no chão. Sintomas como dor nas articulações são de especial atenção em pacientes com artrite (como a artrite reumatoide), pois a imobilização exacerbada piora o quadro de dor[13].

Por último, a categoria que apresenta as possíveis consequências espirituais. Foram documentadas ilusões/delírios religiosos pós-experiência de meditação. Tais indivíduos praticaram meditação intensa em casas de retiro, e esse desfecho pode também estar relacionado a privações.[14,15] Para os autores, esse desfecho é importante, pois para alguns indivíduos o bem-estar espiritual está intimamente ligado à religião, fornecendo propósitos e satisfações individuais. Faz-se necessária a indagação prévia de como o paciente se sente em relação à MM, bem como a preconceitos e estereótipos em relação à origem budista da técnica[10].

Um cuidado especial para o uso seguro e correto da técnica está relacionado ao treinamento dos instrutores de *mindfulness*. Existem diversos materiais e cursos disponíveis, entretanto nem todos são reconhecidos. As formações que seguem os padrões da rede do Reino Unido para treinamento de professores baseados em *mindfulness* (do inglês – *UK Network for Mindfulness-Based Teacher Trainers*) e/ou MBI-TAC (do inglês *Mindfulness-Based Interventions – Teaching Assessment Criteria*), com tradução livre "Intervenções baseadas em

Mindfulness – Critérios de Avaliação de Competências Docentes" garantem a qualidade e segurança.[16]

Estes princípios orientadores foram desenvolvidos para promover boas práticas no ensino de cursos baseados em *mindfulness*. São destinados a ensinar às pessoas habilidades práticas que podem ajudar com problemas de saúde física e psicológica e desafios de vida em curso. Manuais de boas práticas, formalizados, padronizados e seguros, provenientes de pesquisas científicas, estão disponíveis em sites, para amplo acesso. Entre os programas que preenchem os critérios e são reconhecidos destacam-se o MBSR, MBCT, já citados aqui, e também *Breathworks* de *Mindfulness* para Saúde (MBPM, do inglês *Mindfulness-Based Pain Management*)[17], Prevenção de Recaída Baseada em *Mindfulness* (MBRP, do inglês *Mindfulness-Based Relapse Prevention*), Tratamento de Conscientização da Alimentação Baseada em *Mindfulness* (MB-EAT, do inglês *Mindfulness-Based Eating Awareness Disorder*), Nascimento e Parentalidade baseados em *Mindfulness* (MB-CP, do inglês *Mindfulness-Based Childbirth and Parenting*), entre outros, todos internacionais, cada qual com uma determinada indicação terapêutica e com maior ou menor presença de MM[10].

Vale ressaltar que técnicas de MM aplicadas sem a devida supervisão de instrutores experientes, bem como sem a competência adequada para a atuação em transtornos mentais, pode levar a danos iatrogênicos[10,12].

Apesar de tais relatos, estudos recentes demonstram inúmeros efeitos benéficos das técnicas de *mindfulness* em diversos campos. Entretanto, se faz necessária uma maior cobertura sobre os possíveis efeitos adversos, com maiores pesquisas para determinar as contraindicações, até que evidências empíricas e científicas provem a inclusão segura de indivíduos com transtornos diversos nas terapias que envolvam *mindfulness*.

📖 REFERÊNCIAS BIBLIOGRÁFICAS

1. Lopes RFF, Castro FS, Neufeld CB. A terapia cognitiva e o *mindfulness*: entrevista com Donna Sudak. Rev Bras Ter Cogn. 2012;8(1):67-72.
2. Giuffra L. El monje y el psiquiatra: una conversación entre Tenzin Gyatso, el 14º Dalai Lama, y Aaron Beck, fundador de la Terapia Cognitiva. Rev Neuro-Psiquiatr. 2009;72(1-4):75-81.
3. Beck AT. The current state of cognitive therapy: a 40-year retrospective. Arch Gen Psychiatry. 2005;62(9):953-9.
4. Langer EJ, Moldoveanu M. The construct of mindfulness. J Soc Issues. 2000;56(1):1-9.
5. Vandenberghe L, Assunção AB. Concepções de *mindfulness* em Langer e Kabat-Zinn: um encontro da ciência ocidental com a espiritualidade oriental. Context Clínicos. 2009;2(2):124-35.
6. Hayes SC. Acceptance and commitment therapy and the new behavior therapies: *mindfulness*, acceptance and relationship. In: Hayes SC, Follette VM, Linehan M, organizadores. Mindfulness and acceptance: expanding the cognitive behavioral tradition. New York: Guilford Press; 2004. p. 1-29.

7. Feliu-Soler A, Cebolla A, McCracken LM, D'Amico F, Knapp M, López-Montoyo A et al. Economic impact of third-wave cognitive behavioral therapies: a systematic review and quality assessment of economic evaluations in randomized controlled trials. Behav Ther. 2018;49(1):124-47.

8. Lucena-Santos P, Pinto-Gouveia J, Oliveira MS. Primeira, segunda e terceira geração de terapias comportamentais. In: Lucena-Santos P, Pinto-Gouveia J, Oliveira MS, organizadores. Terapias comportamentais de terceira geração: guia para profissionais. Novo Hamburgo: Sinopsys; 2015. p. 29-58.

9. Fresco DM, Mennin DS. All together now: utilizing common functional change principles to unify cognitive behavioral and mindfulness-based therapies. Curr Opin Psychol. 2018;28:65-70.

10. Lustyk MKB, Chawla N, Nolan RS, Marlatt GA. Mindfulness meditation research: issues of participant screening, safety procedures, and researcher training. Adv Mind Body Med. 2009;24(1):20-30.

11. Castillo RJ. Depersonalization and meditation. Psychiatry. 1990;53(2):158-68.

12. Jaseja H. Meditation may predispose to epilepsy: an insight into the alteration in brain environment induced by meditation. Med Hypotheses. 2005;64(3):464-7.

13. Kennedy N. Exercise therapy for patients with rheumatoid arthritis: safety of intensive programmes and effects upon bone mineral density and disease activity: a literature review. Phys Ther Rev. 2006;11(4):263-8.

14. Vanderkooi L. Buddhist teachers' experience with extreme mental states in Western meditators. J Transpers Psychol. 1997;29(1):31-46.

15. Sethi S, Bhargava SC. Relationship of meditation and psychosis: case studies. Aust N Z J Psychiatry. 2003;37(3):382.

16. Crane RS, Eames C, Kuyken W, Hastings RP, Williams JMG, Bartley T, et al. Development and validation of the mindfulness-based interventions– teaching assessment criteria (MBI:TAC). Assessment. 2013;20(6):681-688.

17. Brown CA, Jones AKP. Psychobiological correlates of improved mental health in patients with musculoskeletal pain after a mindfulness-based pain management program. Clin J Pain. 2013;29(3):233-44.

3

Aspectos neurobiológicos da meditação *mindfulness*

Rui Ferreira Afonso

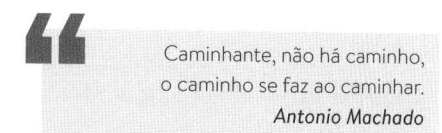

> Caminhante, não há caminho,
> o caminho se faz ao caminhar.
> *Antonio Machado*

Neste momento, o leitor já deve estar bem familiarizado com o conceito e a definição de *mindfulness*, conforme explanados nos capítulos anteriores. No entanto, é importante situar *mindfulness* no contexto das tradições meditativas e retomar seu significado, para que este seja o ponto de partida para abordar os aspectos neurobiológicos dessa prática. É sabido que a meditação *mindfulness* não foi nenhuma invenção e, portanto, é derivada de práticas meditativas mais antigas e tradicionais.

De acordo com a definição operacional de meditação desenvolvida por Cardoso et al.,[1] a atenção sustentada é uma condição fundamental para a prática meditativa, seja ela qual for. As diversas técnicas ou escolas de meditação variam basicamente no objeto ou estímulo para o qual a atenção é direcionada, podendo ser mais focada, como na respiração, ou consistir em uma "monitoração" de um conjunto maior de sinais e estímulos, como no *mindfulness*. De qualquer forma, a meditação utiliza a atenção sustentada como um importante aspecto cognitivo. Tratando-se da definição de *mindfulness*, Kabat-Zinn et al.[2] e Bishop et al.[3] também trazem destaque para a atenção como recurso pelo qual se desenrola *mindfulness*. Por ser marcado por um aspecto cognitivo, *mindfulness* pode ser treinado como qualquer outra atividade cognitiva e, é de se esperar, portanto, que cause modificações na região cerebral, por exemplo, em sua atividade elétrica, estrutura ou função. Estes correlatos neurobiológicos passaram a ser mais compreendidos com o desenvolvimento de instrumentos para a observação das modificações do sistema nervoso central, como o eletroencefalograma (EEG) e a ressonância magnética.

No final da década de 1960 iniciaram-se alguns estudos envolvendo medidas fisiológicas em meditadores, entre elas o EEG[4]. Em um dos primeiros estudos, pôde-se observar que, em relação às ondas *alpha*, houve um aumento progressivo da amplitude e diminuição na frequência e o aparecimento de ondas *theta*. Tais ocorrências, agregadas ao resultado do eletrocardiograma, condutância de pele e respiração, possibilitaram concluir que a meditação é um estado hipometabólico com predominância do sistema nervoso parassimpático e redução do tônus simpático[4]. As ondas *alpha* estão relacionadas com a consolidação de memória e de relaxamento, e as ondas *theta* com processos cognitivos, concentração e memória, todas estas características presentes na prática meditativa. O estado hipometabólico decorrente da prática de meditação tem predominância do sistema nervoso parassimpático e seria o oposto ao estado de "luta ou fuga", que apresenta aumento do tônus simpático e está relacionado ao estresse.

Atualmente somos muito impactados pelo estresse e, talvez, este seja um dos principais motivos para a meditação ter conquistado tantos adeptos[5,6]. Andrade et al.[7] observaram que cerca de 30% das pessoas que vivem em uma grande cidade, como São Paulo, sofre de algum transtorno mental, no qual o estresse tem um impacto muito importante no surgimento ou agravamento dessa condição. Algumas metanálises verificaram a redução nos níveis de estresse após o programa de *mindfulness*[8,9].

A esse respeito, Hölzel et al.[10] correlacionaram uma medida subjetiva – a percepção do estresse – com uma medida objetiva – a densidade da amígdala (uma estrutura cerebral) – por meio da realização de exame de ressonância magnética. Nesse trabalho de *Mindfulness-Based Stress Reduction* (MBSR), um programa de oito semanas baseado em *mindfulness*, os autores verificaram que os voluntários, alunos de uma universidade dos EUA com níveis significativos de estresse, tiveram diminuição na densidade da amígdala enquanto diminuíram a percepção do estresse. A amígdala tem papel importante na percepção e nas respostas ao estresse. A ativação inapropriada dessa área do cérebro tem sido relacionada aos transtornos de ansiedade, aos transtornos de estresse pós--traumático e ao estresse crônico; dessa forma, é de se esperar maior densidade da amígdala nos exames de imagem por ressonância magnética em pessoas com níveis mais altos de estresse.

Outro estudo, que não envolveu exame de imagem, mas medidas periféricas[11], soma-se ao anterior para maior compreensão dos efeitos do *mindfulness* no tratamento e no manejo do estresse. Os autores observaram que o *mindfulness* reduz os marcadores fisiológicos do estresse, como cortisol, além da pressão arterial e da frequência cardíaca, sendo o sistema neuroendócrino responsável por algumas dessas alterações neurobiológicas[11]. Como já visto, a amígdala tem papel importante na identificação da ameaça (estresse) e no início da resposta de estresse.

Quando nos deparamos com uma ameaça/estresse, a amígdala entra em ação e logo percebemos mudanças na frequência cardíaca, respiração e tensão muscular, alterações estas que surgem sob interferência de hormônios e neurotransmissores. A diminuição do estresse e a regulação emocional causadas pela meditação *mindfulness* são mediadas por regiões do córtex pré-frontal – como o córtex orbitofrontal – que diminuem a atividade na amígdala, integrando emoção e cognição[12].

A amígdala possui conexões com o hipotálamo, uma importante estrutura cerebral para respostas e adaptações ao estresse. Em uma situação de ameaça, a amígdala envia informações para o hipotálamo, que, por sua vez, dispara as respostas ao estresse através do eixo conhecido como eixo HPA ou hipotálamo-hipófise-adrenal. Uma vez disparado, o organismo se prepara para a "luta ou fuga" com suas adaptações sistêmicas, como, por exemplo, a liberação do cortisol (hormônio marcador do estresse), o aumento da frequência cardíaca, o aumento da frequência respiratória, a elevação da pressão arterial etc. A meditação *mindfulness* ativa áreas do córtex pré-frontal que diminuem a atividade (e, em longo prazo, a densidade) da amígdala que, por sua vez, reduz a atividade no eixo HPA, baixando a frequência cardíaca, a frequência respiratória, a pressão arterial, a liberação do cortisol e, consequentemente, o estresse. Por todas essas alterações neurobiológicas, já bem conhecidas, pode-se dizer que a meditação é uma técnica eficiente no manejo do estresse e, assim, recomendada para todos os transtornos e doenças que surgem ou se agravam por sua causa. Esses benefícios proporcionados pela meditação tornam-se um traço do meditador e permanecem no organismo mesmo quando o meditador não está meditando.

Evidências de que a meditação pode levar a alterações na estrutura cerebral, como densidade da amígdala, por exemplo, só são possíveis graças aos estudos de imagem por ressonância magnética (MRI). Por meio desses estudos foi possível observar que o aprendizado da meditação causa plasticidade neuronal como qualquer outra tarefa ou atividade cognitiva. Um dos estudos pioneiros envolvendo os efeitos de longo prazo da meditação na estrutura cerebral foi realizado pela neurocientista Sara Lazar et al.[13] O trabalho foi conduzido com 20 praticantes que possuíam ampla experiência em uma meditação budista precursora do *mindfulness*, comparados com voluntários com as mesmas características (idade, escolaridade e sexo), porém não meditadores. *Mindfulness* se caracteriza por ser uma prática que envolve ao mesmo tempo atenção, monitoramento de estímulos externos, percepção de sensações internas e regulação emocional. Uma porção da ínsula anterior no hemisfério direito e do sulco frontal superior e médio, também no hemisfério direito, apresentaram maior espessura nos meditadores, como resultado de mais de nove anos de práticas diárias de meditação. Não por acaso, essas áreas cerebrais estão relacionadas com processamento cognitivo, percepções corporais e interocepção, qualidades congruentes com *mindfulness*.

Esse estudo nos faz compreender (guardadas as devidas proporções) que o cérebro é como os músculos: se você faz exercícios para o braço, os músculos do braço se desenvolvem, mas, caso contrário, não. Com essa analogia, percebemos que depois de muitos anos meditando, monitorando com atenção as sensações, as áreas do cérebro responsáveis por essas funções estarão mais "fortalecidas" e com maior espessura, na medida em que ao longo da vida o cérebro vai perdendo neurônios. Outro resultado interessante desse estudo é que, nas regiões "exercitadas" pela meditação, o córtex cerebral dos meditadores de 40 a 50 anos de idade tinha espessura semelhante à do córtex de pessoas de 20 a 30 anos, o que levou os pesquisadores a concluírem sobre um provável efeito neuroprotetor da meditação, também observado em revisão sistemática por Last et al.[14], o que seria de grande importância nas doenças neurodegenerativas e no envelhecimento.

O hipocampo, outra região de grande importância para a cognição, memória e regulação do estresse, tem aparecido com frequência em estudos de estrutura cerebral e *mindfulness*, pois se encontra com maior volume nos meditadores[15,16]. O hipocampo é uma região do cérebro com muitos receptores glicocorticoides. O cortisol é um glicocorticoide, e os níveis elevados desse hormônio exercem efeito neurotóxico (matando células) no hipocampo, sendo portanto uma região do cérebro sensível ao estresse. Em pacientes com estresse crônico, depressão e síndrome do estresse pós-traumático, o hipocampo apresenta menor volume. Assim, o leitor deve observar como todos os sistemas estão interligados: a redução dos níveis de estresse, com menor liberação de cortisol, tem repercussões positivas no volume hipocampal dos meditadores, como observado nos exames de ressonância magnética.

Apesar das conclusões interessantes sobre as alterações de longo prazo em algumas áreas e estruturas cerebrais promovidas pela meditação, bem como sobre a regulação emocional e os efeitos associados ao estresse, havia muitas dúvidas sobre o que ocorre durante o estado meditativo. As alterações citadas estão todas relacionadas ao "acúmulo" de meses ou anos de meditação. Aqui é importante um parêntese para explicar o que são alterações de longo prazo conhecidas como traço e alterações que ocorrem durante a meditação ou estado meditativo. O traço são aquelas modificações ocorridas ao longo de um tempo e que permanecem nos meditadores mesmo quando não estão meditando. Nos estudos anteriores, as alterações que caracterizam o traço são a redução do estresse (diminuição de densidade da amígdala, diminuição na ativação do eixo HPA, menor liberação de cortisol etc.) e maior espessura cortical e volume de substância cinza em algumas áreas cerebrais, como resultado de meses ou anos de prática de meditação. O estado meditativo é caracterizado pelo funcionamento específico de uma série de regiões do cérebro durante a prática da meditação. E quais áreas do cérebro estão ativas ou inibidas durante a meditação?

Essa pergunta sempre motivou os pesquisadores da área. Em um extenso trabalho, Fox et al.[17] reuniram diversos estudos sobre o funcionamento cerebral durante o estado meditativo de várias e diferentes escolas de meditação. Na metanálise, os autores relataram que algumas regiões do cérebro estão mais ativas durante a meditação *mindfulness*. Uma dessas regiões é a ínsula, que, como já mencionado, possui importante papel na percepção visceral e somática, consistente com a prática de *mindfulness*, uma vez que a percepção e o monitoramento das sensações corporais e viscerais são relevantes nessa modalidade. Outras regiões estão localizadas no lobo frontal, como giro frontal inferior esquerdo, área motora pré-suplementar, área motora suplementar e córtex pré-motor, regiões associadas com o controle voluntário das ações.

Outros estudos apontaram o córtex pré-frontal dorsolateral médio e o córtex pré-frontal rostrolateral como áreas ativas durante a meditação *mindfulness*. Essas regiões são responsáveis pelo controle cognitivo, monitoramento da atenção nos estímulos internos e externos e percepção metacognitiva. O tálamo direito foi observado desativado no estudo de Fox et al.[17] Essa região do cérebro é o local de chegada dos sinais de várias outras regiões e fica mais ativa quando um estímulo ou um sinal está mais em evidência que o outro; por essa razão, funciona como uma espécie de processador e filtro dos vários sinais. Uma característica importante de *mindfulness* é o fato de o praticante monitorar o ambiente externo e interno de forma aberta e receptiva, não se atendo a nenhum sinal em particular, por isso a menor atividade dessa região na meditação quando comparada à vigília.

Os correlatos neurobiológicos do *mindfulness* podem ir muito além da anatomia e da função cerebrais. Outros autores[18] estudaram os efeitos do protocolo de MBSR de oito semanas na circuitaria neuronal da tristeza. Para tanto, os voluntários fizeram o exame de ressonância magnética funcional (fMRI) enquanto assistiam vídeos de conteúdo neutro e vídeos de conteúdo "triste". Como esperado, os vídeos de conteúdos distintos tiveram padrões diferentes de ativação cerebral. O grupo que fez a meditação *mindfulness* apresentou menor reatividade durante os vídeos de conteúdo triste do que o grupo que não meditou. Nos meditadores, houve menor ativação de regiões relacionadas com a memória autobiográfica e o processamento autobiográfico. Essas regiões estão mais ativas em pacientes deprimidos e durante a ruminação (padrão de pensamento repetitivo), um importante sintoma da depressão. A ativação da ínsula teve correlação negativa com os escores de depressão. A ínsula parece regular as áreas do cérebro, mudando da circuitaria que está ativa durante os vídeos de conteúdo triste para a circuitaria da meditação. É interessante observar como existem circuitos distintos para a tristeza e para a meditação, e como um circuito, neste caso mediado pela ínsula, parece inibir o outro.

Outro trabalho[19] encontrou correlação positiva entre bem-estar psicológico e concentração de substância cinza em algumas regiões do tronco cerebral, entre elas o *locus coeruleus* e os núcleos da rafe. O *locus coeruleus* produz e sintetiza a noradrenalina, enquanto os núcleos da rafe são agrupamentos celulares no tronco cerebral cujo principal neurotransmissor é a serotonina (relacionada com depressão, por exemplo). Ambas as regiões e respectivos neurotransmissores estão relacionados com transtornos de ansiedade e humor. No trabalho, voluntários que participaram de um programa de MBSR melhoraram o bem--estar psicológico enquanto tiveram aumento na concentração de substância cinza no tronco. Portanto, a circuitaria cerebral ativa durante a meditação, além de inibir a circuitaria da tristeza, em longo prazo consolida esse benefício, com maior concentração de substância cinza em áreas importantes para o bem-estar e o humor (núcleos da rafe, *locus coeruleus*)[19]. Dessa forma, pacientes com depressão e ansiedade podem se beneficiar da meditação, conforme visto em programas de *Mindfulness-Based Cognitive Therapy* (MBCT) e MBSR, abordados neste livro.

Mesmo quando não somos induzidos por vídeos de conteúdo triste, nosso cérebro tem uma rede de funcionamento padrão, conhecida como *Default Mode Network* (DMN), que se ativa quando estamos envolvidos com a memória autobiográfica, pensando no futuro ou quando não estamos engajados em nenhuma tarefa. Quando não estamos no "momento presente", portanto distraídos, a DMN está mais ativa. Conforme as definições de *mindfulness*, o momento presente é um elemento importante. Assim, são distintas em termos de atividade cerebral a DMN e a meditação; a DMN com maior atividade no córtex pré-frontal medial, pré-cuneus/córtex cingulado posterior, córtex temporal lateral, lobo parietal inferior e formação hipocampal, enquanto a meditação *mindfulness* tem maior atividade na ínsula e em redes atencionais no córtex frontal/pré-frontal, já mencionadas anteriormente e com menor atividade no tálamo.

Como é de se esperar, em estudos que utilizaram ressonância magnética funcional, observou-se que durante a meditação ocorre menor atividade na DMN[20], uma vez que o meditador se estabelece no momento presente e, por isso, tem menos distrações. A esse respeito, Kozasa et al.[21] observaram que o cérebro dos meditadores é mais eficiente quando comparado com o cérebro de não meditadores no *Stroop Word-Color Task*, teste que avalia atenção e controle de impulso, justamente pelo fato de os meditadores serem mais atentos, menos distraídos. E essa diferença na atividade cerebral (maior eficiência) foi demonstrada mesmo quando os meditadores não estavam meditando[21].

Como visto, a meditação *mindfulness* causa alterações neurobiológicas na atividade elétrica, na estrutura e na função cerebrais. Algumas dessas alterações estão relacionadas a vias de neurotransmissão importantes em transtornos de ansiedade, humor e bem-estar. Outras dizem respeito à percepção de ameaça e ao estresse. Maior espessura cortical de regiões relacionadas às funções executivas, atenção, memória e cognição também tem sido observada em decorrência da prática da meditação *mindfulness*, ainda que haja muito ainda a ser pesquisado. Dessa forma, compreendendo os efeitos da meditação no sistema nervoso central e suas repercussões sistêmicas, pode-se introduzir programas baseados em *mindfulness* para o tratamento de diversos transtornos, bem como uma forma de prevenção de algumas doenças e de promoção de mais saúde e bem-estar, para assim contribuir para uma vida mais *mindful* e plena.

REFERÊNCIAS BIBLIOGRÁFICAS

1. Cardoso R, Souza E, Camano L, Leite JR. Meditation in health: an operational definition. Brain Res Protoc. 2004;14(1):58-60.
2. Kabat-Zinn J, Massion AO, Kristeller J, Peterson LG, Fletcher KE, Pbert L, et al. Effectiveness of a Meditation-Based Stress Reduction program in the treatment of anxiety disorders. Am J Psychiatry. 1992;149(7):936-43.
3. Bishop SR, Lau M, Shapiro S, Carlson L, Anderson ND, Carmody J, et al. Mindfulness: a proposed operational definition. Clin Psychol Sci Pract. 2004;11(3):230-41.
4. Wallace RK. Physiological effects of transcendental meditation. Science. 1970;167(3926):1751-4.
5. Okoro CA, Zhao G, Li C, Balluz LS. Has the use of complementary and alternative medicine therapies by U.S. adults with chronic disease-related functional limitations changed from 2002 to 2007? J Altern Complement Med N Y N. 2013;19(3):217-23.
6. Barnes PM, Bloom B, Nahin RL. Complementary and alternative medicine use among adults and children: United States, 2007. Natl Health Stat Rep. 2008;(12):1-23.
7. Andrade LH, Wang Y-P, Andreoni S, Silveira CM, Silva CA, Siu ER, et al. Mental disorders in megacities: findings from the São Paulo megacity mental health survey, Brazil. Plos ONE. 2012;7(2):e31879.
8. Khoury B, Sharma M, Rush SE, Fournier C. Mindfulness-Based Stress Reduction for healthy individuals: A meta-analysis. J Psychosom Res. 2015;78(6):519-28.
9. Regehr C, Glancy D, Pitts A, leblanc VR. Interventions to reduce the consequences of stress in physicians: a review and meta-analysis. J Nerv Ment Dis. 2014;202(5):353-9.
10. Hölzel BK, Carmody J, Evans KC, Hoge EA, Dusek JA, Morgan L, et al. Stress reduction correlates with structural changes in the amygdala. Soc Cogn Affect Neurosci. 2010;5(1):11-17.
11. Pascoe MC, Thompson DR, Jenkins ZM, Ski CF. Mindfulness mediates the physiological markers of stress: systematic review and meta-analysis. J Psychiatr Res. 2017;95:156-78.
12. Tang Y-Y, Hölzel BK, Posner MI. The neuroscience of mindfulness meditation. Nat Rev Neurosci. 2015;16(4):213-25.
13. Lazar SW, Kerr CE, Wasserman RH, Gray JR, Greve DN, Treadway MT, et al. Meditation experience is associated with increased cortical thickness. Neuroreport. 2005;16(17):1893-7.

14. Last N, Tufts E, Auger LE. The effects of meditation on grey matter atrophy and neurodegeneration: a systematic review. J Alzheimers Dis. 2017;56(1):275-86.

15. Luders E, Kurth F, Toga AW, Narr KL, Gaser C. Meditation effects within the hippocampal complex revealed by voxel-based morphometry and cytoarchitectonic probabilistic mapping. Front Psychol. 2013;4:398.

16. Hölzel BK, Ott U, Gard T, Hempel H, Weygandt M, Morgen K, et al. Investigation of mindfulness meditation practitioners with voxel-based morphometry. Soc Cogn Affect Neurosci. 2008;3(1):55-61.

17. Fox KCR, Dixon ML, Nijeboer S, Girn M, Floman JL, Lifshitz M, et al. Functional neuroanatomy of meditation: A review and meta-analysis of 78 functional neuroimaging investigations. Neurosci Biobehav Rev. 2016;65:208-28.

18. Farb NAS, Anderson AK, Mayberg H, Bean J, mckeon D, Segal ZV. Minding one's emotions: mindfulness training alters the neural expression of sadness. Emot Wash DC. 2010;10(1):25-33.

19. Singleton O, Hölzel BK, Vangel M, Brach N, Carmody J, Lazar SW. Change in brainstem gray matter concentration following a mindfulness-based intervention is correlated with improvement in psychological well-being. Front Hum Neurosci. 2014;8:33.

20. Berkovich-Ohana A, Harel M, Hahamy A, Arieli A, Malach R. Data for default network reduced functional connectivity in meditators, negatively correlated with meditation expertise. Data Brief. 2016;8:910-4.

21. Kozasa EH, Sato JR, Lacerda SS, Barreiros MAM, Radvany J, Russell TA, et al. Meditation training increases brain efficiency in an attention task. Neuroimage. 2012;59(1):745-9.

SEÇÃO II

Alguns programas

4

Redução de Estresse Baseada em *Mindfulness* (MBSR) e a terapia cognitivo-comportamental

Daniela Sopezki

> Há mais na superfície do que os nossos olhos podem ver.
> *Aaron Beck*

Neste capítulo, o MBSR (*Mindfulness-Based Stress Reduction*) é apresentado de forma a dialogar com a terapia cognitivo-comportamental (TCC) evidenciando os mecanismos psicológicos (implícitos e explícitos) promotores de mudança nele presentes. Existem relações do MBSR tanto com as terapias de primeira como com as terapias de terceira onda na TCC. Predominantemente embasado em uma perspectiva budista, o MBSR apresenta eficácia no manejo de estresse e apresenta convergências teóricas e práticas com a TCC, bem como algumas divergências, as quais serão apresentadas neste capítulo.

Criado originalmente para oferecer manejo à dor crônica[1], o MBSR foi desenvolvido por John Kabat-Zinn como um programa complementar aos tratamentos convencionais. Esse programa ensina estratégias de enfrentamento ao estresse e visa elevar o engajamento dos pacientes com o seu autocuidado e bem-estar[2].

O programa acontece em grupo, com oito encontros semanais, cada um com duração de três horas, além de um encontro de um dia inteiro, geralmente na sexta semana. Ao longo das semanas, os participantes são incentivados a realizar uma variada gama de práticas diárias formais e informais de *mindfulness*. Esse treinamento inclui muitas tarefas de casa que somam uma hora de prática diária e ainda o incentivo de planejar um dia intensivo de *mindfulness* por semana[3].

As práticas formais demandam um tempo e um espaço reservado na rotina diária do paciente, e entre elas destacam-se as tradicionais: escaneamento corporal, *mindfulness* na respiração, caminhada e o yoga. Os exercícios informais constituem um convite a trazer o estado de *mindfulness* para o máximo de atividades da vida diária, por exemplo, alimentação consciente, banho, escovação dos dentes, interação social, trânsito, trabalho, entre outros exercícios conforme os distintos temas propostos em cada sessão[4].

O MBSR não é recomendado para participantes que apresentam sintomas que podem se tornar riscos emocionais (p. ex., sentimento intenso e frequente de tristeza, raiva ou medo), porque podem parecer ou se tornar mais fortes à medida que a prática se desenvolve, já que prestar atenção de maneira consciente – talvez pela primeira vez – pode extravasar emoções. Outros fatores de exclusão para a participação nos grupos de MBSR são: histórias de traumas, abusos, perda recente significativa ou grandes mudanças na vida ou abuso e dependência de substâncias. A prática oferece o risco de os participantes realizarem descobertas sobre si mesmos que podem não gostar porque são desafiados a se encontrarem diante do desconhecido. Embora a aprendizagem experiencial seja frequentemente não linear, os sintomas dos participantes podem, às vezes, piorar, particularmente nas primeiras semanas do programa. Mesmo com a prática regular, os participantes podem sentir que "nada está acontecendo". Isso é normal e um aspecto típico de qualquer processo de aprendizado, mas que se torna arriscado com participantes sintomáticos[4].

A prática de *mindfulness* constitui uma inovação na prática clínica e representa um acréscimo ao arsenal de técnicas terapêuticas disponíveis, desde que, obviamente, o paciente tenha condições de lidar com a proposta, pois, do contrário, pode-se oferecer riscos à saúde mental[5].

Estudos de revisões sistemáticas sobre o MBSR apontam efeitos moderados na redução de sintomas de estresse, depressão, ansiedade e melhoria da qualidade de vida de indivíduos saudáveis[6], redução de sintomas de depressão em idosos[7], efeitos na sensação da intensidade da dor lombar[8], no bem-estar psicológico e na qualidade de vida de sobreviventes de câncer de mama[9,10], embora sejam necessários estudos de longo prazo para avaliar a manutenção desses resultados.

Estudos que compararam o MBSR com intervenções protocoladas de TCC para grupo são bastante escassos, especialmente porque a TCC dialoga com melhor afinidade com os protocolos baseados em *mindfulness* em que a sua teoria e técnica foram incorporadas como uma ferramenta, como é o caso dos protocolos de MBCT (*Mindfulness-Based Cognitive Therapy*) e do MBRP (*Mindfulness-Based Relapse Prevention*), explorados nos próximos capítulos deste livro. Cabe ao MBSR o reconhecimento pelo pioneirismo que serviu como inspiração para tantos outros protocolos que, com o tempo, foram se ajustando a outras demandas, linguagens e técnicas utilizadas.

Comparado a outros tipos de intervenções em grupos controle, como tratamento padrão e relaxamento, por exemplo, e excetuando-se a TCC, o MBSR apresenta efeitos moderados na redução da depressão em adolescentes e adultos jovens (12 a 25 anos) após a intervenção, porém sem dados para afirmar o efeito de manutenção desses benefícios no longo prazo[11]. No caso do transtorno de ansiedade social (TAS), o MBSR é uma ferramenta que auxilia na redução de sintomas de ansiedade em situações de performance social, mas não se mostra superior à TCC nesse contexto[12].

Em um estudo que avaliou a visão de si mesmo na fobia social, os resultados foram semelhantes entre as duas abordagens. Os participantes apresentaram uma visão de si mais positiva após ambas as intervenções[13]. No estudo de Goldin et al.[14], os autores identificaram melhora tanto no grupo de MBSR quanto no grupo de TCC em relação ao aumento na frequência de reavaliação cognitiva, habilidades de *mindfulness*, atenção focada, comutação do foco de atenção e diminuição de comportamentos de evitação e distorções cognitivas. No entanto, a TCC apresentou melhores resultados na avaliação da autoeficácia e diminuição nos comportamentos de evitação.

Outros estudos identificam que o MBSR pode ser uma alternativa à TCC para o cuidado de pacientes adultos com dor crônica na coluna lombar. Existem resultados na melhora da percepção da dor nas costas e no manejo das limitações funcionais desses pacientes, sem diferenças significativas nos resultados entre MBSR e TCC[15,16].

MECANISMOS PSICOLÓGICOS DO MBSR

No MBSR, no que tange à prática formal, os participantes são convidados a eleger uma postura confortável e que favoreça uma condição para a mente estar atenta a um foco particular, em geral o corpo ou a respiração. Quando a atenção se dispersa desse foco, o praticante apenas nota que isso aconteceu e deixa a distração passar, intencionalmente trazendo a atenção de volta para o foco. Esse processo é repetido a cada vez que a atenção deixar de estar sustentada no foco escolhido.

O treinamento em meditação baseada em *mindfulness* enfatiza tomar consciência do que surge na mente no momento presente (pensamento, emoção, sensação ou estímulos relacionados ao ambiente), sem julgamento ou racionalização, percebendo como a mente vagueia e procurando ancorá-la a cada momento[3].

Shapiro et al.[17] pesquisaram os possíveis mecanismos promotores de bem-estar em *mindfulness* e, para isso, propuseram uma operacionalização alicerçada em três componentes: intenção, atenção e atitude.

- A intenção é a escolha de estar plenamente atento, em oposição ao modo piloto automático de se comportar, o qual perpetua sintomas, como no caso do estresse, e que caracterizaria, segundo Langer[18], um estado de *mindlesness*.

- O segundo componente, a atenção, envolve observar a experiência interna e externa presente a cada instante. Essa habilidade inclui a atenção sustentada, a capacidade de comutar o foco atencional de um objeto a outro e a inibição cognitiva (impedir um processamento avaliativo secundário, a respeito de pensamentos, emoções e sensações que emergem).
- O terceiro componente é a atitude. Refere-se à qualidade direcionada para o que é percebido pela atenção[17]. É o elemento que, na definição de Langer[18] se dá implicitamente pela abertura do *mindset* à experiência.

No MBSR, Kabat-Zinn[3] lista nove atitudes, descritas, para fins didáticos, no Quadro 1.

Quadro 1 Atitudes no MBSR (*Mindfulness-Based Stress Reduction*), por Kabatt-Zinn

Atitude	Definição
Não julgar	Postura de observador imparcial em relação às experiências emocionais, cognitivas e físicas
Mente de principiante	Conseguir ver as coisas como realmente são, com mente aberta
Não esforço	Suspender o objetivo de alcançar alguma meta imediata
Deixar passar	Não buscar prolongar experiências prazerosas, nem reagir de modo a livrar-se o mais rápido possível de experiências desconfortáveis
Paciência	Compreensão de que as coisas se desdobram em seu próprio tempo
Confiança	Confiar em si mesmo
Aceitação	Ser receptivo a qualquer experiência (emoção, pensamento ou sensação) tal como ela se manifesta
Gratidão	Atitude positiva de agradecimento às pequenas e simples situações da vida
Generosidade	Atitude de dar às pessoas algo que as fará mais felizes, pelo simples fato de promover o bem aos outros e, por consequência, a si próprio

O desenvolvimento de metacognição introduz um espaço entre o que é percebido e a resposta comportamental. Dessa forma, o *mindfulness* possibilita que a pessoa responda às situações internas e externas de sua vida de forma mais coerente com seus objetivos de vida, o que embasa e potencializa os efeitos da mudança comportamental também preconizada pela TCC[19].

O desenvolvimento dessas habilidades demanda um longo tempo de práticas e favorecerá, por exemplo, a atitude de "não julgar", que seria compatível com não racionalizar a experiência do momento presente. A atitude "mente de principiante", termo zen-budista, é alcançada quando o praticante consegue tomar consciência dos pensamentos que interferem na sua leitura objetiva da realidade, identificando como mera produção de sua mente, não tendo necessariamente correspondência com a realidade, em vez de perceber as situações pelo viés de crenças ou distorções cognitivas, conforme a terminologia da TCC[20].

As atitudes de "não esforço" e de "deixar passar" envolvem abandonar a tentativa de controlar de alguma forma as experiências, uma vez que se entende que boa parte do sofrimento psíquico se deve ao esforço empreendido no controle das situações. Essa prática vai de encontro a alguns recursos usados na TCC, como, por exemplo, a psicoeducação com recursos de inoculação de estresse e alguns enfrentamentos que visam aumentar a autoeficácia de pacientes com poucos recursos de regulação emocional.

A atitude predominantemente utilizada nas terapias cognitivas de terceira onda, nas quais *mindfulness* está inserida, é a aceitação, habilidade de enfrentar experiências emocionais, cognitivas ou comportamentais desconfortáveis sem estratégias de esquiva. Na TCC, o paciente é levado ao enfrentamento de suas experiências desafiadoras com ajustes de seus recursos internos do momento, com o uso do arsenal de técnicas clássicas e consolidadas, como o registro de pensamentos disfuncionais, técnicas de exposição, dessensibilização sistemática, técnicas de inoculação de estresse como o relaxamento e respiração diafragmática, questionamento socrático, psicoeducação, treinamento em habilidades sociais, checagem de evidências[20,21], entre outras ferramentas que o psicólogo irá utilizar na condução das sessões, possivelmente antes ou paralelamente à inserção das estratégias de *mindfulness* de modo personalizado e criativo.

As atitudes de "paciência" e "confiança" surgem nos treinamentos de *mindfulness* com a tomada de consciência do comportamento da mente. Na TCC, com a compreensão do paciente a respeito de seu transtorno, pela via da psicoeducação e da relação terapêutica, essas habilidades também se desenvolvem com o avançar do tratamento[20].

A atitude de "gratidão" permite atenuar as distorções de maximização e minimização, generalização, vitimização e catastrofização. Em qualquer contexto, inclusive o clínico, é possível sugerir uma tarefa simples, como aquelas provenientes de estudos da Psicologia Positiva, como a de criar uma lista diária de elementos positivos que tenham acontecido no dia ou na semana[22] ou de escrever cartas de agradecimentos a pessoas afetivamente importantes[23], pois auxilia no equilíbrio do humor, além de ser uma habilidade conveniente a ser treinada, em virtude do viés para a negatividade inerente ao cérebro[23,24].

Cabe ao psicólogo ter um domínio claro do que se trata *mindfulness* para poder ajustar as técnicas às necessidades dos pacientes. A. Beck e J. S. Beck[5] entendem que o *mindfulness* é uma ferramenta bastante antiga e que serve de estratégia dentro do modelo teórico geral da TCC, desde que atenda às necessidades específicas dos pacientes, com base na conceitualização de cada caso.

Na prática clínica observam-se dois processos metacognitivos distintos. Um deles é o aprendizado da observação de pensamentos e da capacidade de não se afetar por eles (desfusão cognitiva ou descentramento), típicos dos treinamentos de *mindfulness*; e o outro processo, especialmente da TCC, é o aprendizado de que é possível dialogar, isto é, reavaliar o modo de pensar, porque o paciente identifica evidências contrárias e pensamentos alternativos mais funcionais que levam a uma reestruturação cognitiva. Quando é dada a oportunidade para que esses dois processos aconteçam, o paciente tem em mãos mais ferramentas para o seu automonitoramento e mais opções sobre como intervir nos seus pensamentos e situações de desconforto emocional. A capacidade de trazer senso crítico aos pensamentos disfuncionais e de buscar outras perspectivas para eles acontece graças à habilidade de metacognição desenvolvida por meio das práticas de *mindfulness* e, nesse caso, potencializadas pelo ferramental da TCC.

No caso das nove atitudes propostas por Kabat-Zinn, em contextos clínicos, cabe à dupla terapeuta-paciente identificar a consolidação da aquisição dessas habilidades. É um desafio identificar se de fato o participante incorporou as atitudes propostas em *mindfulness*. Por exemplo, a fronteira do espectro entre esquiva experiencial e aceitação pode se confundir na prática porque o paciente pode encontrar novas formas de lidar com seus sintomas, sentindo uma melhora clínica, mas a mudança comportamental pode ainda estar a serviço da esquiva e da evitação. Identificar qual foi a intenção do paciente na resposta comportamental para o enfrentamento de seus sintomas é muito importante em TCC, para a manutenção da mudança.

Bishop et al.[19] propôs um modelo de conceituação de *mindfulness* que envolve a regulação intencional da atenção (notar pensamentos e comutar o foco) e a orientação para a experiência (abertura e aceitação). No entanto, em um *setting* terapêutico, as estratégias para gerar essas habilidades são distintas do contexto do MBSR. Wolkin[25] defende a ideia de que cultivar todos os aspectos da nossa atenção por meio do *mindfulness* leva a um maior bem-estar em decorrência da diminuição da ruminação cognitiva, que se deve a recursos atencionais de vigilância, orientação da atenção e controle executivo da atenção. Um processo de duas etapas que envolve a distração cognitiva e descentramento seria o mediador na redução do impacto da ruminação cognitiva. A distração cognitiva, comutação do foco atencional, é uma resposta possível ao estresse.

Embora a distração seja importante, ela serve como um alívio temporário, porque com a distração há um reforço da esquiva experiencial. Ao evitar experiências internas desagradáveis, os pacientes não garantem condições estáveis de manutenção de mudanças comportamentais. No longo prazo, evitar e afastar-se de pensamentos lançando mão da distração é algo ineficiente.

A. Beck e J. S. Beck[26,27] reconhecem que as técnicas de *mindfulness* que envolvem mudança de foco podem ajudam os pacientes a se distanciarem do pensamento ruminante, mas ressaltam a importância do uso adequado dessas técnicas de modo a não reforçar comportamentos de esquiva. Afinal, a mudança de foco estaria a serviço de ajudar os pacientes a modificar seu comportamento de modo que corresponda aos seus objetivos e valores.

Assim, a prática de *mindfulness* desenvolve recursos cognitivos que convidam o praticante a filtrar a elaboração cognitiva de uma experiência presente (pensamento ou emoção, por exemplo), o que promove a capacidade de processar direta e objetivamente as experiências internas diante de situações; ou seja, o praticante é treinado a observar pensamentos como puros pensamentos. Já na TCC, os pacientes, além de identificarem pensamentos como eventos mentais, são treinados a racionalizá-los, fazendo uso das técnicas que aprendem em psicoterapia.

No *mindfulness*, o praticante aprende a não avaliar seus pensamentos e emoções, mas validá-los, aceitá-los e reconhecê-los como eventos mentais de caráter transitório. O processamento das informações (pensamentos, emoções e sensações) no MBSR não é considerado pela via dos pensamentos disfuncionais e distorções cognitivas, mas pela via de uma perspectiva mais ampla e distanciada na observação dessas informações (descentramento e desfusão cognitiva). Essa mudança de postura garante, assim, menos reações impulsivas e mais respostas comportamentais conscientes. Os participantes do programa aprendem a se desligar ativamente ou a desenvolver uma atenção para estímulos novos ou diferentes[28]. Com o tempo, essas intervenções podem ajudar o indivíduo a modificar seu foco e os significados associados a certos estímulos.

Na lógica da TCC, um pensamento elicia respostas emocionais, podendo provocar sensações desconfortáveis. Nesse sentido, *mindfulness* se apresenta como uma ferramenta complementar, auxiliando os pacientes no reconhecimento dos pensamentos como somente pensamentos e não como a representação da realidade.

A postura de Beck é a de utilizar as ferramentas de *mindfulness* como possibilidade de contribuição para as técnicas da TCC de forma complementar, quando convenientes ao caso clínico. Beck e Haigh[29], ao publicarem os avanços em terapia cognitiva sugerindo um modelo cognitivo genérico para os transtornos mentais, destacaram a importância de visar pensamentos disfuncionais ativados por esquema (estruturas cognitivas complexas) a fim de reduzir o sofrimento emocional e o comportamento desadaptativo. O objetivo do modelo genérico é gerar um impacto duradouro sobre as crenças disfuncionais específicas da doença, baseando-se numa combinação de reestruturação cognitiva, modificação do foco da atenção (que inclui estratégias de *mindfulness*) e intervenções comportamentais.

EXEMPLO CLÍNICO

Paciente Caroline buscou terapia por indicação de sua psiquiatra, com diagnóstico de recaída no transtorno de estresse pós-traumático (TEPT). Sentia-se extremamente ansiosa, especialmente depois que sua irmã, uma jovem de 30 anos, repentinamente sofreu um derrame que acarretou consequências incapacitantes. Essa situação foi um gatilho para a recaída no TEPT, previamente tratado, há dois anos, com auxílio de psicofármaco, exclusivamente. Em virtude de uma função renal frágil, a intervenção medicamentosa passou a ser um risco para a paciente, e por isso, em momentos de crise, fazia uso de uma dose mínima de benzodiazepínico.

Ao receber a notícia no hospital onde sua irmã fora submetida a uma cirurgia, Caroline desmaiou e precisou de cuidados hospitalares. A situação reativou memórias de seu trauma passado (um período de constantes investigações diagnósticas, exames, hospitalização e repouso, fruto de uma nefropatia grave). Embora a doença estivesse sob controle, o fato de a equipe médica nunca ter identificado a causa desencadeou nela crenças de vulnerabilidade. A paciente fechava critérios, conforme o DSM-5[30], de revivescência, esquiva, alterações negativas na cognição/humor e excitabilidade aumentada, com prejuízos no funcionamento psicossocial. Caroline passou a evitar situações e tarefas simples de vida diária, perpetuando assim sua ansiedade.

Em função da conceitualização do caso, optou-se por reunir estratégias cognitivas, comportamentais e de *mindfulness*. Entre as intervenções cognitivo-comportamentais, foram utilizadas: psicoeducação relacionadas ao TEPT, registro de pensamentos disfuncionais (RPD), treinamento de inoculação de estresse, exposição *in vivo* e imaginária, treinamento de autoinstrução, dessensibilização sistemática, técnicas de relaxamento muscular progressivo e de respiração, além de prevenção da recaída (em fase de esbatimento dos sintomas). Em relação às práticas de *mindfulness*, foram utilizados o escaneamento corporal e *mindfulness* na respiração adaptados, estratégias de manter o foco e aceitar sensações físicas desconfortáveis, especialmente para evitar ruminação e catastrofização, práticas informais para treinar a sustentação na atenção em atividades da vida diária. A paciente não havia passado por treinamentos prévios de *mindfulness* e, na psicoterapia, o *mindfulness* foi utilizado como ferramenta complementar.

O escaneamento corporal, conforme proposto por Kabat-Zinn, auxilia no que tange a manter a objetividade da observação da experiência tal como ela é. No caso da terapia, foi sugerido à paciente que realizasse o escaneamento quando fosse conveniente, sem áudio, para reservar o tempo necessário para fazer contato e explorar as sensações desconfortáveis (especialmente desencadeadas pela ansiedade). Foi recomendado à paciente que realizasse a checagem de evidências de seus pensamentos disfuncionais em meio a prática e autoinstruções, a fim de auxiliar no enfrentamento e aceitação da ansiedade. Cabe lembrar que antes de utilizar o escaneamento, em fases iniciais da terapia, o foco era predominantemente relaxamento e algumas estratégias de distração, em virtude do grau de excitabilidade da paciente.

T: O que você tem descoberto fazendo o escaneamento corporal especialmente quando identifica as sensações provenientes da ansiedade?

C: É muito angustiante. Mas eu tenho descoberto que muitas das sensações sou eu mesma que provoco, porque fico com medo e a ansiedade vai aumentando, até eu me sentir tonta e com medo de desmaiar. Várias vezes tentei fazer a observação e tentar checar as relações do que poderia estar acontecendo em meu corpo. Em alguns dias não consegui racionalizar as sensações, mas consegui permanecer sentindo, respirando com a minha ansiedade, tentando deixar passar, o que me deixou surpresa ao notar que não preciso colocar esforço para a ansiedade. Mas no dia que acordei para ir à clínica e realizar os exames de *checkup* eu tomei o Rivotril® porque a situação fugiu do meu controle.

T: Parabéns, Caroline. Você está conseguindo duvidar de algumas sensações e deixar de associá-las ao trauma, além de estar conseguindo diminuir o uso de Rivotril®. Você mesma tem conseguido se acalmar, consegue interromper várias sensações físicas desconfortáveis e, mesmo quando usa Rivotril®, se uma sensação física fosse fruto de uma doença grave, o Rivotril® provavelmente não garantiria melhora nos sintomas. São constatações que consigo extrair do seu relato da semana.

C: Tem dias que eu não tenho sensações físicas que me lembram a doença; tenho outras sensações diferentes e daí nem me preocupo, especialmente quando do identifico o porquê. Já não me atiro naquela cadeia de pensamentos porque consigo dizer pra mim: "Ó! Para..." Outra constatação é que faltam outros sintomas para ser aquilo que já tive ou qualquer outra coisa grave. Vejo que as pessoas que me amam (pais, marido e outros familiares) dizem que é só medo, e como confio neles reconheço que muitas vezes é loucura minha... Mas estou ansiosa com o resultado do exame.

T: Entendo. Quantas constatações interessantes! Que recursos do treino de *mindfulness* você poderia utilizar enquanto espera? Além disso, se o exame apresentar um resultado insatisfatório, qual a pior coisa que poderia impactar sua vida? E como se vê lidando com isso?

C: Eu piro! Mas seria fazer um maior controle do consumo alimentar, repetir exames com mais frequência, encarar mais ansiedade... Se o resultado for bom, pode ser que me alivie. O que mais tem me ajudado é reavaliar o que estou pensando em meio ao que realmente estou fazendo e enxergar com mais clareza o que está acontecendo ao meu redor, mais objetivamente. Nesta semana consegui dirigir, ir ao supermercado sozinha, e eu dizia para mim, quando sentia os sinais da ansiedade: "Para, Caroline, o que você está fazendo agora?" Daí eu mesma respondia: "estou dirigindo, estou aqui, isto é o que está acontecendo...estou no supermercado, estou fazendo compras". Sempre tentando me manter curiosa, interessada no que estava acontecendo nos ambientes, sem fugir. Tal como os exercícios que faço em casa ao comer, tomar meu banho, na aula de yoga, dirigindo... Me faz me sentir mais segura, afinal, em cada situação do meu dia, da minha vida, tudo é seguro quando consigo perceber desta maneira diferente. Conseguir retomar minhas atividades, visitar a minha irmã, tomar providências no trabalho, sair sozinha...

CONCLUSÕES

Desde a primeira onda da TCC, que focava em técnicas de exposição, especialmente no tratamento para transtornos de ansiedade, o *mindfulness* nesse aspecto estava presente, com a ideia "permanecer com a experiência". Além de ser uma técnica central nos casos de TEPT, foi utilizada com o objetivo de sistematicamente facilitar a permanência com a experiência aversiva, removendo as esquivas comportamentais. No exemplo apresentado, a paciente foi somando as habilidades de reavaliação, fruto do automonitoramento (RPD) e de outras técnicas na condução das sessões, flexibilizando paulatinamente as suas crenças centrais, que são intervenções típicas da segunda geração das TCC. Essa soma facilitou a experiência de observar memórias traumáticas, sentir e permanecer com a ansiedade diretamente, em fase intermediária do atendimento, promovendo uma experiência típica das abordagens de *mindfulness*, terceira onda das TCC, que são bons recursos para a prevenção de recaída.

As práticas de *mindfulness* do programa MBSR auxiliam a promover uma mudança na maneira de lidar com as experiências pessoais (pensamentos, emoções e sensações) sem avaliá-las. Ao contrário, Hofmann et al.[31] destacam que a modificação de crenças irracionais e distorções cognitivas é central no atendimento e que, por isso, o paciente aprende a identificar, avaliar e corrigir seus pensamentos ativamente (reestruturação cognitiva) para que o esbatimento de sintomas aconteça.

Para alcançarmos esse resultado na psicoterapia, *mindfulness* é essencial.[31] Com o trabalho de reestruturação cognitiva, o paciente aprende que suas distorções cognitivas não são a representação da realidade. Também descobre que pode intervir no modo que percebe a sua realidade, questionando pensamentos, racionalizando e utilizando-se de pensamentos alternativos, por exemplo. O paciente aprende a reconhecer que a sua percepção da realidade é uma experiência subjetiva, o que altera o significado emocional de como vivencia as situações da sua vida.

A possibilidade de deslocar a atenção do conteúdo de um pensamento para o processo de se ter um pensamento (metacognição) é libertadora para os pacientes. Essa nova perspectiva, descentrada, desautomatizada e desidentificada com os pensamentos é mais adaptativa e reflete em aumento de bem-estar psicológico. Por fim, as técnicas de *mindfulness* somadas à TCC oferecem ao paciente um maior leque de escolhas de como lidar com os seus próprios pensamentos.

REFERÊNCIAS BIBLIOGRÁFICAS

1. Kabat-Zinn J. An outpatient program in behavioral medicine for chronic pain patients based on the practice of mindfulness meditation: theoretical considerations and preliminary results. Gen Hosp Psychiatry. 1982;4(1):33-47.
2. Kabat-Zinn J. Mindfulness-based interventions in context: past, present, and future. Clin Psychol Sci Pract. 2003;10(2):144-56.
3. Kabat-Zinn J. Full catastrophe living: using the wisdom of your body and mind to face stress, pain, and illness. Revised and updated edition. New York: Bantam Books trade paperback; 2013.
4. Santorelli SF, Meleo-Meyer F, Koerbel L, Kabat-Zinn J. Mindfulness-Based Stress Reduction (MBSR), Authorized Curriculum Guide. Worcester: Center for Mindfulness in Medicine, Health Care, and Society; University of Massachusetts Medical School; 2017.
5. Beck A, Beck JS. Integrating new wave therapies and CBT [vídeo] [Internet]. Bala Cynwyd: Beck Institute for Cognitive Behavior Therapy; 2014 [citado em 4 junho 2019]. Disponível em: https://beckinstitute.org/integrating-new-wave-therapies-and-cbt/
6. Khoury B, Sharma M, Rush SE, Fournier C. Mindfulness-Based Stress Reduction for healthy individuals: a meta-analysis. J Psychosom Res. 2015;78(6):519-28.
7. Li SYH, Bressington D. The effects of Mindfulness-Based Stress Reduction on depression, anxiety, and stress in older adults: a systematic review and meta-analysis. Int J Ment Health Nurs. 2019;28(3):635-56.
8. Anheyer D, Haller H, Barth J, Lauche R, Dobos G, Cramer H. Mindfulness-Based Stress Reduction for treating low back pain: a systematic review and meta-analysis. Ann Intern Med. 2017;166(11):799-807.
9. Zhang Q, Zhao H, Zheng Y. Effectiveness of Mindfulness-Based Stress reduction (MBSR) on symptom variables and health-related quality of life in breast cancer patients—a systematic review and meta-analysis. Support Care Cancer. 2019;27(3):771-81.

10. Castanhel FD, Liberali R. Mindfulness-Based Stress Reduction on breast cancer symptoms: systematic review and meta-analysis. Einstein. 2018;16(4):1-10.
11. Chi X, Bo A, Liu T, Zhang P, Chi I. Effects of Mindfulness-Based Stress Reduction on depression in adolescents and young adults: a systematic review and meta-analysis. Front Psychol. 2018;9:1034.
12. Faucher J, Koszycki D, Bradwejn J, Merali Z, Bielajew C. Effects of CBT versus MBSR treatment on social stress reactions in social anxiety disorder. *Mindfulness*. 2016;7(2):514-26.
13. Thurston MD, Goldin P, Heimberg R, Gross JJ. Self-views in social anxiety disorder: the impact of CBT versus MBSR. J Anxiety Disord. 2017;47:83-90.
14. Goldin PR, Morrison A, Jazaieri H, Brozovich F, Heimberg R, Gross JJ. Group CBT versus MBSR for social anxiety disorder: a randomized controlled trial. J Consult Clin Psychol. 2016;84(5):427-437.
15. Cherkin DC, Sherman KJ, Balderson BH, Cook AJ, Anderson ML, Hawkes RJ, et al. Effect of Mindfulness-Based Stress Reduction vs Cognitive Behavioral Therapy or usual care on back pain and functional limitations in adults with chronic low back pain: a randomized clinical trial. JAMA. 2016;315(12):1240-9.
16. Khoo E-L, Small R, Cheng W, Hatchard T, Glynn B, Rice DB, et al. Comparative evaluation of group-based Mindfulness-Based Stress Reduction and Cognitive Behavioural Therapy for the treatment and management of chronic pain: a systematic review and network meta-analysis. Evid Based Ment Health. 2019;22(1):26-35.
17. Shapiro SL, Carlson LE, Astin JA, Freedman B. Mechanisms of mindfulness. J Clin Psychol. 2006;62(3):373-86.
18. Langer EJ. Mindfulness. Reading: Addison-Wesley; 1990.
19. Bishop SR, Lau M, Shapiro S, Carlson L, Anderson ND, Carmody J, et al. Mindfulness: a proposed operational definition. Clin Psychol Sci Pract. 2006;11(3):230-241.
20. Beck JS. Terapia cognitivo-comportamental: teoria e prática. 2.ed. Porto Alegre: Artmed; 2013.
21. Leahy RL. Técnicas de terapia cognitiva: manual do terapeuta. Porto Alegre: Artmed; 2018.
22. Cunha LF, Pellanda LC, Reppold CT. Positive psychology and gratitude interventions: a randomized clinical trial. Front Psychol. 2019;10:584.
23. Ito TA, Larsen JT, Smith NK, Cacioppo JT. Negative information weighs more heavily on the brain: the negativity bias in evaluative categorizations. J Pers Soc Psychol. 1998;75(4):887-900.
24. Hanson R, Mendius R. Buddha's brain: the practical neuroscience of happiness, love & wisdom. Oakland: New Harbinger Publications; 2009.
25. Wolkin JR. Cultivating multiple aspects of attention through mindfulness meditation accounts for psychological well-being through decreased rumination. Psychol Res Behav Manag. 2015;8:171-180.
26. Beck A. Mindfulness techniques Involving focus [vídeo] [Internet]. Bala Cynwyd: Beck Institute for Cognitive Behavior Therapy; 2013 [citado em 4 junho 2019]. Disponível em: https://beckinstitute. org/*mindfulness*-techniques-involving-focus/
27. Beck A, Beck JS. The role of focus within the new generic cognitive model [Internet]. Bala Cynwyd: Beck Institute for Cognitive Behavior Therapy; 2015 [citado em 4 junho 2019]. Disponível em: https://beckinstitute.org/tag/video/
28. Fresco DM, Flynn JJ, Mennin DS, Haigh EP. Mindfulness-Based Cognitive Therapy. In: Herbert JD, Forman EM, editors. Acceptance and mindfulness in Cognitive Behavior Therapy: understanding and applying the new therapies. Hoboken: Wiley; 2011. p. 57-82.
29. Beck AT, Haigh EAP. Advances in cognitive theory and therapy: the generic cognitive model. Annu Rev Clin Psychol. 2014;10:1-24.
30. American Psychiatric Association. Diagnostic and statistical manual of mental disorders, Fifth Edition (DSM-V). Arlington: American Psychiatric Association; 2013.
31. Hofmann SG, Asmundson GJG, Beck AT. The science of cognitive therapy. Behav Ther. 2013;44(2):199-212.

5
Terapia Cognitiva Baseada em *Mindfulness* (MBCT)

Vitor Friary
Cleyton Brust

> **"**
> Tomando consciência do que vai surgindo no momento, oferecemos a nós mesmos a oportunidade de não ficarmos tão presos em nossas interpretações e reações às situações do dia a dia. Podemos então passar a ver as coisas verdadeiramente como elas são e nada mais.
> *Vitor Friary*

INTRODUÇÃO

Este capítulo tem por objetivos apresentar uma visão geral do protocolo de Terapia Cognitiva Baseada em *Mindfulness*, pontuando os mecanismos que vulnerabilizam pacientes à recaída no transtorno de depressão maior unipolar, compreender as influências, diferenças e similaridades com a terapia cognitivo-comportamental (TCC) no modelo de Aaron Beck e apresentar o funcionamento do protocolo de MBCT com as principais intervenções utilizadas neste processo terapêutico.

O protocolo de Terapia Cognitiva Baseada em *Mindfulness* (também conhecido como MBCT – *Mindfulness-Based Cognitive Therapy*) é um programa terapêutico validado e estruturado que se situa no âmbito da abordagem cognitiva e comportamental. Elaborado pelos psicólogos Mark Williams (Universidade de Oxford), John Teasdale (Universidade de Cambridge) e Zindel Segal (Universidade de Toronto) no final da década de 1990[1], foi desenvolvido, inicialmente, para o tratamento de pacientes com depressão maior, com o intuito de prevenir recaídas ou recorrência desse transtorno e depois expandido para o tratamento da ansiedade e várias outras queixas e sofrimentos psíquicos[2].

O MBCT foi idealizado a partir de princípios de dois modelos terapêuticos: a terapia cognitivo-comportamental (TCC) e o MBSR (*Mindfulness-Based*

Stress Reduction). O programa é estruturado e integra essas duas áreas de intervenção, tendo como base as práticas de *mindfulness* e sua incorporação no dia a dia, além de princípios e práticas da terapia cognitiva. É composto por oito sessões semanais, presenciais e em grupos (geralmente com um número de 8 a 15 participantes), com duração de aproximadamente duas horas cada[1].

DEPRESSÃO E MBCT: UMA VISÃO GERAL

A depressão vem crescendo de forma exponencial em todo o mundo. Segundo a Organização Mundial da Saúde (OMS), esse transtorno aumentou por volta de 18,4% nos últimos 10 anos, atingindo aproximadamente 4,4% da população mundial (322 milhões de pessoas), com previsão de, em 2020, vir a se tornar o segundo maior problema de saúde global.

No Brasil, estima-se que 5,8% da população apresente depressão, ou seja, um número de 11,5 milhões de brasileiros. Segundo as últimas pesquisas, o Brasil ocupa o quinto lugar no *ranking* mundial e o segundo nas Américas, ficando atrás somente dos Estados Unidos (5,9%).

Outro problema que tem sido observado é que a idade na qual esse transtorno tem se manifestado inicialmente é cada vez menor, com um drástico aumento na incidência em crianças e adolescentes. Quanto mais precocemente aparece, maior a chance de se cronificar e recorrer, ou seja, pior é o prognóstico em relação a recaídas. Nos Estados Unidos, já se fala em tratar os primeiros sinais de depressão durante a infância.

O programa de MBCT foi elaborado, a princípio, para tratar esse tipo de paciente, principalmente a população recorrente, que é estudada como a população mais vulnerável, uma vez que o risco de recaídas aumenta diante do número de episódios, gerando, assim, um efeito autônomo, aumentando o número de casos de depressão.

As pesquisas têm demonstrado que o MBCT vem se tornando altamente eficaz e eficiente, reduzindo pela metade o risco de futura depressão clínica em pessoas que já tiveram episódios recorrentes, e esse efeito tem se mostrado bastante positivo quando comparado aos resultados medicamentosos. Além disso, este programa tem apresentado também extrema eficácia para a ansiedade persistente e outros quadros psicológicos.

Os desenvolvedores do MBCT basearam seu trabalho na observação e no conceito de que a infelicidade faz parte da condição humana e que a forma como nos relacionamos com ela e reagimos a ela pode manter e/ou agravar o sofrimento emocional. Não são os pensamentos disfuncionais que causam a recaída na depressão, mas a forma como a pessoa os processa. Partindo dessas conclusões, podemos pontuar alguns mecanismos de vulnerabilidade de recaída da depressão, como a reatividade cognitiva, a ruminação, a supressão de experiências e o monitoramento de discrepância[3].

MECANISMOS DE VULNERABILIDADE À RECAÍDA NA DEPRESSÃO

Pacientes que já estiveram deprimidos, ao apresentar alterações no humor, ainda que pequenas, têm mais propensão a se sentirem mal do que alguém que nunca esteve deprimido. Esse fenômeno acontece se deve ao fato de que nossa mente, ao apresentarmos emoções negativas, tende a reagir trazendo à tona padrões de pensamentos negativos, ou seja, ocorre uma tendência de reagir a pequenas alterações do humor com grandes alterações propagadas por pensamentos negativos e disfuncionais, o que facilita a criação de um ciclo que perpetua o aparecimento de um novo quadro depressivo. Tal fenômeno é denominado de "reatividade cognitiva". Pode-se dizer que quem já apresentou um episódio de depressão geralmente possui maior nível de reatividade cognitiva do que pacientes que nunca tiveram um episódio sequer, e o grau de reatividade é considerado um fator preditivo de novas recaídas[4].

Outra forma comum de tentar lidar com a infelicidade é a ruminação. Nossa mente, na tentativa de se livrar do sofrimento, busca uma maneira de solucionar o problema tentando entender o porquê de nos sentirmos desse jeito, investigando as possíveis causas de se estar deprimido e vivendo o sofrimento e o lamento sobre suas consequências. Nesse padrão, o paciente é compelido a pensar de modo repetitivo nas causas e consequências, gerando paradoxalmente mais sofrimento e desconforto. O paciente, por não obter respostas claras para tais indagações, acaba por vivenciar mais lembranças e pensamentos que perpetuam o humor deprimido, o desespero e a desesperança[5].

Estudos mostram que pacientes que reagem ao retorno de sintomas depressivos com a supressão do pensamento ou algum tipo de rejeição de sentimentos (supressão de experiências) apresentam maiores chances de ter recaídas, pois, à medida que tentam se livrar de tais experiências desconfortáveis, elas se tornam mais presentes, gerando, assim, uma cascata de pensamentos negativos[6]. Dessa forma, ambas as tentativas de explicar (ruminação) e expulsar (supressão) a depressão geram mais sofrimento e exaustão, dificultando ao paciente a flexibilidade de se mover para o que seja mais importante em sua vida.

Outro mecanismo de vulnerabilidade à recaída da depressão é o monitoramento de discrepância influenciada pela *Self-Discrepancy Theory*[1,7]. Aqui, entende-se que, ao tentar resolver o "problema" da infelicidade, o paciente fica preso na lacuna entre o estado emocional atual (infelicidade) e o estado ideal (felicidade). Essa constante e repetitiva comparação o leva a um estado de maior sofrimento emocional e mental.

PROCESSOS ESSENCIAIS DO PROGRAMA DE MBCT

O programa de MBCT tem o desenvolvimento de habilidades de *mindfulness* (atenção plena) e compaixão como pilares centrais. O termo *mindfulness* é uma tradução para o inglês da palavra *sati* em páli (língua antiga indiana utilizada pelo budismo há cerca de 2,5 mil anos), que significa "estar atento" (*awareness*). O *mindfulness* é definido como "estar alerta de coração aberto, momento a momento, sem julgamento"[8], como também "estar alerta ao que realmente nos acontece em momentos sucessivos de percepção"[9]. Dessa forma, pode-se dizer que o *mindfulness* se refere à capacidade de estar alerta e presente para as experiências que vão surgindo de momento a momento, percebendo-as de forma intencional, atenta e curiosa e, ainda, se for possível, sem julgá-las.

Modo atuante e modo existente

Por meio do *mindfulness* busca-se mudar a forma como o paciente se relaciona com experiências internas (tanto as prazerosas quanto as desprazerosas) que surgem momento a momento. A prática do *mindfulness* pode ajudar o paciente a reconhecer o funcionamento em modo atuante (programando o futuro, realizando tarefas sem muita consciência, preocupando-se com o resultado das tarefas do dia a dia, enfocando no presente experiências passadas e acerca do futuro) e o modo existente, que se refere ao contato direto do paciente com o momento presente, tendo maior autopercepção, renunciando mais fluentemente às experiências mentais acerca do passado e do futuro e abandonando a tendência de comparar, julgar e criticar as experiências presentes[1].

O modo atuante está associado à preocupação em alcançar metas e objetivos e à ocupação por estratégias para solucionar "problemas" no dia a dia. Em relação a problemas externos, esse modo se torna efetivo, porém quando se relaciona a problemas internos, tais como o controle de estados de humor indesejáveis e estados mentais negativos, esse modo de funcionamento pode não apresentar resultados tão eficazes. Em geral, o modo atuante, quando aplicado a estados de humor e pensamentos negativos, reforça os mecanismos de monitoramento de discrepância, supressão e ruminação que, como se sabe, contribuem para a piora do quadro clínico[1].

O modo existente permite ao paciente experimentar o mundo de forma direta, em especial por meio dos cinco sentidos, e o ajuda a perceber a tendência da mente em distorcer a realidade. Assim, em modo existente, o paciente se dispõe a renunciar à tendência da mente de julgar, analisar e resolver estados de humor e desconforto quando, paradoxalmente, a tentativa de solucionar essas experiências acaba gerando mais sofrimento e dor. Nesse modo de funcionamento, uma qualidade central é a permissão ativa de deixar a mudança de humor e os pensamentos negativos serem o que são e apenas o que são, entendendo que as experiências afetivas e cognitivas são passageiras e que o paciente é infinitamente capaz de sustentar e abrir espaço para essas experiências como elas são[10].

No *mindfulness*, o modo existente surge quando o paciente, ao longo das oito sessões e com o apoio do terapeuta, aprende a atentar de forma deliberada, sem julgamento, às sensações do corpo, aos sentimentos e aos pensamentos da forma como essas experiências são. O modo atuante pode se tornar uma armadilha, enquanto o modo existente é uma proposta de liberdade[11].

Aceitação de experiências e desidentificação de pensamentos negativos

Aceitação se refere ao reconhecimento de que pensamentos, sentimentos e sensações inevitavelmente surgirão (e irão embora) e que tentar julgá-los, afastá-los ou evitá-los é disfuncional, na medida em que estas ações perpetuam sintomas e colocam o paciente em uma teia de impotência e desesperança. Portanto, em vez de manter um foco limitado de atenção nas experiências, caracterizado por aversão, julgamento, avaliação e tentativa de controle, o paciente pode desenvolver uma atitude de abertura e compaixão, notando tudo o que acontece momento a momento com essas experiências e permitindo que as coisas sejam como são, dando-se conta da natureza temporária das experiências[12].

Em geral, os pensamentos são interpretados como verdades absolutas e fatos incontestáveis. Os pensamentos são experimentados de forma literal como fatos que correspondem à realidade, fenômeno conhecido como identificação cognitiva. Contrariamente, no programa de MBCT busca-se o desenvolvimento da desidentificação cognitiva, ou descentramento, que se refere à capacidade de perceber pensamentos apenas como pensamentos, ou seja, somente como eventos mentais, palavras e imagens na "cabeça", sem se engajar neles ou resolvê-los como problemas[12].

A aversão e a tentativa de controle de pensamentos negativos e estados de humor indesejáveis levam a uma piora do sofrimento psicológico do paciente, aumentando a exaustão e a impotência. Por isso, a aceitação e a desidentificação ou descentramento são consideradas estratégias fundamentais no programa de MBCT.

Reconhecendo os sinais de alerta de chegada de um episódio de depressão

O programa de MBCT utiliza, também, estratégias advindas da terapia cognitiva, principalmente aquelas que ajudam os participantes a identificarem que situações difíceis do dia a dia são gatilhos para a ativação de pensamentos (cognição), emoções e experiências corporais indesejáveis. Ao longo das oito sessões do programa de MBCT, o paciente é convidado a perceber a chegada desses sinais e responder com habilidades de *mindfulness* a essas experiências, em vez de simplesmente reagir.

O paciente desenvolve uma relação de abertura e compaixão com essas experiências internas, aprendendo a identificar, nomear e distanciar-se de tais experiências. Essa nova relação desarma o escalamento dos sintomas e oferece a ele uma oportunidade de redirecionar as suas próximas ações.

O FUNCIONAMENTO DO PROGRAMA DE TERAPIA COGNITIVA BASEADA EM *MINDFULNESS*

O programa de MBCT é um programa manualizado e estruturado para grupos (de oito a quinze participantes), com duração de oito semanas e sessões semanais de duas horas de duração cada. Durante as oito semanas, os pacientes do programa são submetidos a temas específicos de cada sessão com objetivos, intenções e intervenções direcionados. Entre as sessões, os participantes são orientados a praticar diariamente as meditações, que são gravações das práticas aprendidas na sessão. Além disso, são convidados também a vivenciarem as atividades do seu dia a dia com mais atenção plena. Ao término de cada sessão, recebem textos complementares com resumos da sessão daquele dia e propostas de práticas de *mindfulness* ou experimentos cognitivos e comportamentais[1].

Inicialmente, os pacientes são recrutados a partir de uma entrevista inicial em que são submetidos a escalas psicométricas para avaliação da severidade de sintomas ou para avaliação de alguma contraindicação ou plano de tratamento diferenciado. Em casos de maior severidade dos sintomas, os interessados só poderão fazer parte do programa de MBCT se acompanhados por um psicólogo e um psiquiatra e se estiverem em processo de psicoterapia individual[1].

As sessões possuem uma estrutura básica que passa por uma prática inicial de *mindfulness*, seguida do inquérito, revisão da tarefa de casa, partilha, outras atividades voltadas para o tema da sessão e para o desenvolvimento de habilidades além da consolidação da aprendizagem, atribuições de práticas de casa e, por fim, outra prática de *mindfulness* para encerrar a sessão[1].

O inquérito é uma das partes mais importantes do trabalho terapêutico de *mindfulness* e se refere ao diálogo de investigação que o terapeuta realiza após experimentos e exercícios conduzidos. Tem o objetivo de levar o paciente a observar, descrever e a se relacionar de forma diferente com suas experiências, gerando, assim, maior conhecimento dos seus processos mentais e emocionais. Por meio de perguntas abertas, visa convidar os pacientes a descreverem suas experiências diretas e explorar como e em que momento elas aparecem durante o exercício[13].

Nas quatro primeiras sessões, ou seja, na primeira metade do programa, os pacientes têm como foco: (1) desenvolver habilidades de *mindfulness* para tomar consciência da tendência da mente de se prender a pensamentos e emoções; (2) aprender a regular a atenção e reconhecer sua natureza de se movimentar; (3) perceber a tendência de se prender a interpretações acerca das diferentes situações do dia a dia; (4) desenvolver a capacidade de repousar a atenção no corpo e na respiração e reduzir a ruminação; (5) reconhecer os primeiros sinais de uma recaída, incluindo aversão a experiências negativas e indesejáveis e a tendência de lutar, contrair e fugir de tais sensações[14].

Na segunda metade do tratamento (sessões 5 a 8), os pacientes são convidados a aprender e desenvolver habilidades para lidar com as suas experiências internas difíceis (pensamentos, emoções e reações físicas) para além da regulação da atenção. De modo geral, a principal habilidade a ser desenvolvida nessa fase do programa é aprender a reconhecer que essas experiências internas e privadas são apenas o que são, isto é, interpretações de caráter impermanente. Nesse ponto, o paciente começa a desenvolver a capacidade de permanecer presente em meio a essas experiências, diminuindo a evitação e aumentando a aceitação e a percepção de ser inteiro no meio das dificuldades[14].

As sessões podem ser compreendidas por meio do modelo TRIP, que designa o Tema, o Racional, as Intenções e as Práticas de cada sessão. A seguir, apresentamos o TRIP de cada uma das oito sessões do programa.

Sessão 1

- Tema: Saindo do piloto automático
- Racional: na maior parte do tempo, realizamos tarefas no automático com uma tendência persistente de reagirmos às experiências julgando, analisando e comparando, em vez de percebermos as coisas como elas são. Desarmando a tendência de reagir no automático, pacientes começam a se dar conta de pensamentos, sensações e sentimentos que surgem momento a momento.

–   Intenções: aumentar uma consciência dos cinco sentidos e do que surge no momento com uma atitude de curiosidade. Convidamos os pacientes a experimentarem uma maneira não julgadora e menos reativa de viver, normalizando que é da natureza da mente julgar, criticar e comparar. Aumentamos o controle da atenção e a percepção de como a atenção se movimenta.

–   Práticas: apresentamos um objeto (uva-passa) e convidamos os pacientes a explorarem, por meio dos cinco sentidos, esse objeto. Seguimos com uma investigação (inquérito) sobre o que foi surgindo. Após realizarmos uma prática de escaneamento do corpo (*body scan*),* convidamos os pacientes a explorarem com atenção e presença cada parte do corpo, uma de cada vez, com propósito, sem julgamento e sem esforço.

Sessão 2

–   Tema: Vivendo dentro da cabeça

–   Racional: reagimos ao mundo e às situações a partir das interpretações que surgem para nós naquele instante, muito rapidamente e sem muita escolha. Passamos grande parte do tempo interpretando, analisando e tentando solucionar o futuro. Convidamos os pacientes a uma forma de experienciar mais direta e menos mental.

–   Intenções: notar os movimentos da mente pensante e o fluxo de sensações, pensamentos, sentimentos, impulsos e desejos que vão surgindo momento a momento. Aproximar e atender às experiências, em vez de lutar contra elas ou evitá-las, em especial notando a voz crítica e trazendo a atenção de volta às sensações.

–   Práticas: praticamos o escaneamento do corpo, percebendo a mente ficando agitada e tagarela e retornando a atenção para o encontro com o fluxo de sensações e mudanças momento a momento. Também realizamos um experimento cognitivo para elucidar a relação que existe entre pensamentos, emoções e sensações. Durante a semana, os pacientes são convidados a manter um calendário de atividades prazerosas e registrar as experiências cognitivas, emocionais e sensoriais que vão surgindo nesses instantes.**

---

*   Para essa meditação guiada da exploração do corpo, visite o site do Centro de *Mindfulness* no Brasil (www.brasilmindfulness.com/exercicios) e realize a faixa 2.

**   Para essa meditação guiada do espaço de respiraçãoda exploração do corpo, visite o site do Centro de *Mindfulness* no Brasil: (www.brasilmindfulness.com/exercicios) e realize a faixa 3.

Sessão 3

- Tema: Centrando a atenção que se espalha
- Racional: a respiração é uma âncora para o exercício de repousar a atenção aqui e agora nos momentos em que tendemos a ficar perdidos entre preocupações sobre o futuro ou eventos difíceis que já passaram. O corpo e a respiração são um foco contínuo no qual é possível repousar a atenção e nos reconectarmos com a nossa presença, centrar e repousar a mente. A partir deste "centramento" podemos gradualmente sair do modo atuante e cair no modo existente.
- Intenções: observar o espalhar da atenção e retornar o foco para a respiração com suavidade. Notar a mente repousando quando trazemos a atenção às sensações diretas do aqui e agora. Reconhecer pensamentos, sensações, impulsos, emoções que surgem diante dos limites do corpo em movimento. No espaço de respiração, ensinar, em três etapas, como identificar experiências psicológicas e físicas e retornar a atenção para a respiração criando uma estância de repouso e expandindo.
- Práticas: na meditação do movimento consciente,* convidamos os pacientes a trazer uma atenção voltada para as sensações do corpo realizando pequenos movimentos com o pescoço, braços, cintura, pernas (podendo utilizar posturas do *yoga* ou *tai chi*), com concentração nos instantes em que a atenção se espalha e se prende em reatividade, sempre que possível trazendo a atenção de novo e de novo ao corpo e à respiração. Os pacientes são orientados a observarem os limites do corpo, respeitá-los, deixando o esforço de lado e percebendo o fluxo de pensamentos, sensações e sentimentos de momento a momento. Também introduzimos uma meditação sentada com foco na respiração e no corpo** como um todo e finalizamos com a introdução à prática do espaço de respiração das três etapas.*** Na primeira etapa convidamos o paciente a tomar consciência das experiências presentes (pensamentos, sentimentos, sensações no corpo e talvez impulsos); na segunda etapa, o convite é para direcionar a atenção para as sensações da respiração; e, na terceira etapa, expandir a cons-

---

* Para essa meditação guiada do espaço de respiração da exploração do corpo, visite o site do Centro de *Mindfulness* no Brasil: (www.brasilmindfulness.com/exercicios) e realize a faixa 3.
** Para essa meditação guiada da exploração do corpo, visite o site do Centro de *Mindfulness* no Brasil (www.brasilmindfulness.com/exercicios) e realize a faixa 4.
*** Para essa meditação guiada da exploração do corpo, visite o site do Centro de *Mindfulness* no Brasil (www.brasilmindfulness.com/exercicios) e realize a faixa 8.

ciência para todo o corpo e perceber que, no meio de tudo o que está no momento, somos inteiros e presentes.

Sessão 4

- Tema: Reconhecendo os sinais da aversão ou evitação
- Racional: dependendo da maneira de reagir às experiências desagradáveis e indesejáveis, o paciente pode perpetuar ou acentuar sintomas de depressão ou ansiedade. Reconhecer o território em que o paciente reage a situações desagradáveis pode ajudá-lo a responder a essas experiências difíceis sem ser tomado pela tendência natural, porém não muito adaptativa, de fugir, lutar ou escapar dessas experiências. Essa evitação está na base do sofrimento humano.
- Intenções: identificar o momento em que tensão ou desconforto aparecem, especialmente no corpo, assim como o tédio, a irritabilidade ou outras emoções desagradáveis. Investigar como essa aversão/evitação se apresenta. Notar a tendência de alimentar, brigar ou tentar consertar experiências desagradáveis e as consequências dessa evitação. Convidar os pacientes a explorar a dificuldade e permanecer presentes como um observador dessa dificuldade e sua transitoriedade.
- Práticas: na meditação sentada inicial* dessa sessão, estimular os pacientes a tomar consciência da postura e, etapa por etapa, a tomar consciência também da respiração, das sensações corporais, dos diferentes sons indo e vindo e, depois, no final, dos pensamentos e emoções que forem surgindo no fluxo da experiência. Por fim, após 20 minutos de prática, convidar os pacientes a tomar consciência de toda a experiência de forma aberta sem, necessariamente, escolher nenhuma área da experiência. A prática central dessa meditação é convidar os pacientes a trazer atenção para sinais de aversão (reagindo, tensionando, ficando entediado, criticando e julgando experiências como boas ou ruins). Por fim, os pacientes são convidados a praticar o espaço de respiração das três etapas, após o terapeuta pedir que se lembrem de uma situação desagradável que lhes tenha ocorrido durante a semana. Assim, após a primeira etapa de tomada de consciência do que esteja presente, os pacientes são convidados a explorar esse imediato reagir e permanecer presentes como ob-

---

* Para essa meditação guiada, visite o site do Centro de *Mindfulness* no Brasil (www.brasilmindfulness.com/exercicios) e realize as faixas, 4, 5 e 6 seguidamente.

servadores dessas sensações, vendo-as de longe, apenas como experiências que surgem e que se transformam por si só.

Sessão 5

- Tema: Permitindo e abrindo espaço para que as coisas sejam como são
- Racional: abrir espaço para as coisas como elas são, pouco a pouco, vai desarmando a evitação e aversão que podem vulnerabilizar o paciente para um novo episódio de depressão ou ansiedade. Deixando de tensionar e lutar contra o inesperado e o desagradável, as experiências apenas fluem e correm o seu tempo natural. Com esse olhar mais claro sobre o que surge, sem julgar, é possível verificar as necessidades que aparecem e realizar as mudanças possíveis.
- Intenções: notar como nos relacionamos com as experiências que vão surgindo, pela observação das reações que temos a pensamentos, sentimentos e sensações corporais que vão ocorrendo. Na identificação ou lembrança de algum evento desagradável, notar os efeitos dessa situação no corpo e as reações a essa situação. Nesta sessão, o convite para parar e permitir que as experiências (pensamentos, emoções, corpo, impulsos, distorções) sejam como são: "Tudo bem que estas sensações estejam aqui"; "Deixa eu abrir espaço para esta experiência, sem colocar energia em lutar contra ou fugir disso"; "Eu confio neste abrir espaço e permito".
- Práticas: inicialmente, a sessão 5 começa com uma prática de caminhada consciente, prestando atenção em cada passo após o outro, lentamente caminhando pelo salão. Segue-se com uma meditação sentada (postura, respiração, sons, mente e emoções, atenção sem escolha) com atenção à permissão e abrindo espaço para experiências (aceitação). Como usual, realiza-se uma escuta ativa e uma investigação dessa experiência (por meio do inquérito). Conclui-se a sessão com um novo espaço de respiração das três etapas – com modificação para permissão nas experiências que estejam surgindo diante da lembrança de um evento difícil da semana: "Tudo bem que essa experiência esteja aqui"; "Deixa eu confiar na minha capacidade de abrir espaço para isso". É comum que se leia o poema "Casa de hóspedes" do poeta sufista Rumi.

Sessão 6

- Tema: Pensamentos não são fatos, são apenas pensamentos
- Racional: pensamentos são informações reativas que surgem diante de situações e que influenciam no corpo e emoções. Os pensamentos são

em geral distorções da realidade. Com o *mindfulness*, é possível ver com clareza a natureza dos pensamentos e desenvolver uma relação de maior distância e "afrouxamento". Para o paciente pode ser libertador reconhecer que pensamentos são apenas o que são e não o que dizem que são e, também, reconhecer os contextos em que eles surgem e como responder à sua chegada.

– Intenções: identificar pensamentos apenas como eventos mentais passageiros, notando os instantes em que pensamentos negativos aparecem diante de situações de desconforto no dia a dia e aprendendo a nos relacionar com eles sem julgamento, apenas percebendo a sua natureza rígida, passageira e tendenciosa. Confiar na capacidade de observá-los e deixá-los ir. Durante as práticas perceber quando a cabeça está cheia ou vazia e notar esse movimento sem interferir. Deixar os pensamentos apenas voarem.

– Práticas: inicialmente, a meditação sentada[*] (postura, respiração, sons, mente e emoções, atenção aberta sem escolha), seguida de inquérito acerca da prática, revisão da integração do *mindfulness* na vida diária durante a última semana e, posteriormente, a inclusão de um experimento cognitivo que elucide como a presença do humor deprimido pode influenciar no surgimento de pensamentos automáticos negativos. A partir dos exercícios desta sessão objetiva-se ensinar o paciente que pensamentos são apenas eventos mentais e que ele pode olhar para esses pensamentos como nuvens pesadas que passam pelo céu, mas que são apenas pensamentos. Conclui-se a sessão com a prática do espaço de respiração das três etapas com ênfase na identificação de pensamentos automáticos negativos diante de uma situação desagradável do dia a dia, perguntando-se durante a prática: "Talvez eu esteja confundindo um pensamento com um fato?"; "É possível dar um passo atrás e ver que esses pensamentos são apenas eventos na mente e nada mais?"; "Talvez seja possível neste momento apenas olhar para essa experiência, em vez de me prender dentro dela como uma verdade absoluta?".

Sessão 7

– Tema: Qual a melhor maneira de eu cuidar de mim mesmo (autocuidado)
– Racional: pacientes com um histórico de depressão e ansiedade podem aprender a reconhecer os primeiros sinais de uma recaída e assim res-

---

[*] Para essa meditação guiada, visite o site do Centro de *Mindfulness* no Brasil (www.brasilmindfulness.com/exercicios) e realize as faixas 4, 5 e 6, seguidamente.

ponder com habilidade a alterações de humor e situações desagradáveis do dia a dia praticando as diferentes estratégias aprendidas durante o programa. Atividades do dia a dia tendem a utilizar (desgastar) a carga da nossa bateria pessoal ou a recarregar (revitalizar) essa bateria.

– Intenções: identificar aquilo que seja preciso e importante em momentos de baixo humor, exaustão ou estresse. Identificar os primeiros sinais de uma recaída de exaustão, depressão e ansiedade (dependendo do grupo de pacientes que esteja trabalhando).

– Práticas: inicialmente, a meditação sentada (postura, respiração, sons, mente e emoções, atenção aberta sem escolha), seguida de inquérito acerca da prática, revisão da integração do *mindfulness* na vida diária durante a última semana. Mediante um experimento cognitivo de listar as principais atividades dentro de um dia típico, discute-se acerca de como certas atividades podem interferir com o humor, tendo o efeito ou de desgastá-lo ou de revitalizá-lo. O grupo então é convidado a pensar sobre quais são os primeiros sinais de alerta da exaustão, depressão ou um de um episódio de ansiedade, conforme a natureza do grupo de pacientes. No quadro, o terapeuta escreve esses primeiros sinais e usa a metáfora de um funil para assinalar que essas experiências podem se escalar facilitando uma recaída caso o paciente não identifique ações para responder a estes sinais. Mais uma vez, o espaço de respiração das três etapas é utilizado como uma estratégia do programa para lidar com os primeiros sinais. Os pacientes são convidados então a experimentar algumas intenções dentro do espaço de respiração, por exemplo: "O que eu preciso agora neste instante?"; "Como melhor responder a esta situação?"; "Quais são as necessidades deste instante?"; "O que é mais preciso?". Com um inquérito seguinte, os pacientes são informados das práticas que irão realizar em casa durante a semana (incluindo fazer as meditações guiadas, listar os primeiros sinais de depressão ou ansiedade e elaborar um plano de ação de como responder a esses sinais).

Sessão 8

– Tema: Mantendo e estendendo a nova aprendizagem no futuro
– Racional: para que os benefícios do programa sejam mantidos após o término das oito sessões, é importante que os pacientes lembrem-se das principais práticas e tenham em mente as suas verdadeiras intenções de manter o *mindfulness* de suas diferentes maneiras em suas vidas, em especial como um recurso para reduzir as chances de um novo episódio de depressão e ansiedade. A manutenção da prática é garantida quando

o participante percebe claramente o *link* com um valor pessoal de sua vida (uma razão positiva para ter autocuidado).

- Intenções: o que foi aprendido até agora? Por que faria sentindo em minha vida manter a prática? O que há de importante em minha vida que se beneficiaria com a continuidade desse autocuidado? Discutir em pares e grupos esse plano de ação para o futuro e as razões para continuar.
- Práticas: nesta última sessão, praticamos novamente o escaneamento do corpo, seguido de um inquérito breve sobre o que surgiu durante a prática. Revisa-se logo após as experiências de prática em casa da semana (incluindo os primeiros sinais de depressão ou ansiedade). Abrimos em grupo o espaço para discussão de como o programa ajudou os pacientes a lidar com depressão e ansiedade e as estratégias que foram aprendidas durante o percurso do treinamento, assim como para ouvir histórias do que foi surgindo para cada um durante todo o percurso. A seguir, realizamos uma prática de meditação em que inicialmente aterrissamos a atenção nas sensações da respiração do corpo e, depois, pedimos que os pacientes deixem cair dentro de si algumas reflexões, observando o que vai surgindo: "O que tem de importante em minha vida que valeria a pena eu continuar inserindo a prática no meu dia a dia?"; "Como seria a minha vida sem essas ferramentas?"; "Com tudo que venho aprendendo, como a prática pode continuar a me ajudar?"; "Quais práticas eu me comprometo manter diariamente?". Depois dessa prática, podemos experimentar a meditação da amizade¨* como forma de encerrar o programa desejando bondade uns aos outros e, finalmente, para si mesmo.

TERAPIA COGNITIVA BASEADA EM *MINDFULNESS* E TERAPIA COGNITIVO-COMPORTAMENTAL: INFLUÊNCIAS, DIFERENÇAS E SIMILARIDADES

Inicialmente, a TCC foi desenvolvida para o tratamento da depressão, sendo posteriormente ampliada para uma grande variedade de transtornos psiquiátricos.[15] Foi difundida em vários países e, atualmente, permanece em exponencial evolução, tornando-se a força dominante da psicoterapia em quase todo o mundo, incluindo a América do Norte, o Reino Unido e a maior parte dos países da Europa.[16] Terapia cognitivo-comportamental é um termo genérico que abrange várias abordagens dentro de um modelo cognitivo e comporta-

---

* Para essa meditação guiada, visite o site do Centro de *Mindfulness* no Brasil (www.brasilmindfulness.com/exercicios) e realize a faixa 7.

mental que derivam de um mesmo modelo prototípico e compartilham alguns pressupostos básicos, mesmo quando apresentam algumas diferentes abordagens conceituais e estratégicas nos diversos transtornos. Podemos definir, de forma sintética, que essas abordagens cognitivo-comportamentais têm como princípios o papel mediacional das cognições e as estratégias comportamentais.[17] Três características fundamentais norteiam o núcleo das TCC[18]:

A. A atividade cognitiva influencia o comportamento.
B. A atividade cognitiva pode ser monitorada e alterada.
C. O comportamento desejado pode ser influenciado mediante a mudança cognitiva.

A TCC e o MBCT apresentam algumas semelhanças e diferenças, principalmente no que diz respeito ao papel do pensamento. Os teóricos da abordagem cognitivo-comportamental relatam que, em uma mesma situação, diferentes indivíduos podem ter pensamentos e interpretações distintos, ou seja, não é a situação por si só que determina o que as pessoas sentem, mas o modo como elas interpretam a situação[19]. Partindo dessa premissa, a TCC propõe que os transtornos psicológicos são resultantes de um modo distorcido e disfuncional de perceber e interpretar os acontecimentos, influenciando diretamente as emoções e o comportamento do indivíduo[20,21]. Dessa forma, um dos principais objetivos do terapeuta cognitivo-comportamental seria promover a mudança dos pensamentos e das crenças disfuncionais do cliente para pensamentos mais adaptativos e realistas, uma técnica que é denominada reestruturação cognitiva[22].

Outro fator importante a ser considerado na TCC é a psicoeducação na terapia, que visa ensinar o paciente sobre seu transtorno, sobre o modelo cognitivo (relação entre pensamentos, emoções e comportamentos) e sobre as estratégias terapêuticas que podem ser utilizadas para ensiná-los a corrigir os pensamentos distorcidos ou disfuncionais em cognições mais realistas e funcionais, levando, com o tempo, à identificação e modificação de suas crenças centrais e intermediárias[13].

No MBCT, diferentemente da TCC, o terapeuta não tem o interesse de ensinar os pacientes a identificar pensamentos negativos recorrentes com o intuito de desafiá-los e modificá-los. O terapeuta, no protocolo de MBCT, visa ensinar aos participantes a observação de pensamentos e emoções negativas no momento em que eles surgem, de modo a compreender que são apenas fenômenos mentais que fazem parte da condição humana e que, por isso, não é preciso corrigi-los, mas sim facilitar o contato com esses pensamentos por meio das práticas formais de *mindfulness* e do inquérito[13].

A TCC e o MBCT divergem, também, na abordagem utilizada em relação ao momento em que os pensamentos surgem e na forma como os clientes são encorajados a se relacionar com eles. Na TCC, os pensamentos que surgem são vistos como hipóteses ou suposições,[23] podendo ser ou não verdades. Diante disso, os clientes são encorajados a buscar ativamente evidências que sustentem ou não esses pensamentos, de forma que os diferenciem da realidade e percebam suas distorções.

No MBCT, pensamentos não são vistos como fatos; são vistos simplesmente como pensamentos, ou seja, conteúdos mentais. A partir dessa forma de observação, ocorre uma desidentificação ou desfusão com os pensamentos e sentimentos, na medida em que o cliente passa a identificá-los como eventos mentais e não como fatos ou realidade. Isso gera uma mudança de perspectiva que ajuda o sujeito a não ser levado por suas experiências mentais e sentimentos, mas vivenciá-los de forma mais clara, conectando-se com sua experiência momento a momento de forma curiosa, sem se prender a ela, de modo que a vivencie de forma direta e não como interpretações que a mente faz. Tais processos ajudam os clientes a desenvolverem autoconhecimento e a fazerem escolhas mais adequadas às suas reais necessidades e valores, gerando inúmeros ganhos psicológicos.

Pode-se dizer que enquanto a TCC tem uma ênfase em modificar as experiências internas por meio de mudanças na cognição, o MBCT enfoca o processo de estar aberto à experiência presente com aceitação, permitindo que tais experiências sejam como são, sem tentar modificá-las. Ambas as abordagens se assemelham na busca de autonomia dos seus pacientes, na desidentificação/ desfusão com os pensamentos e no aprendizado do seu modo de pensar e se comportar, com base na observação ativa de seus padrões de pensamento[24].

Em síntese e com base nas informações apresentadas, pode-se dizer que a terapia cognitiva se assemelha em diversos aspectos ao MBCT, sobretudo pelo fato de ambas as abordagens terem sido criadas com o intuito de tratar do mesmo tipo de população específica, que são os pacientes com depressão maior.

CONCLUSÃO

Neste capítulo oferecemos uma visão geral e prática do programa de MBCT, que tem obtido um crescente reconhecimento pelo trabalho voltado para a prevenção da recaída na depressão e para a manutenção dos ganhos da terapia cognitiva. Essas evidências sugerem que o MBCT pode ser um tratamento complementar de pacientes com sintomas recorrentes e, acima de tudo, pode ensinar seus participantes a desenvolver um novo olhar sobre pensamentos, emoções e o próprio corpo, ajudando-os a construir, assim, uma relação de maior compreensão, espaço, aceitação e bondade.

📖 REFERÊNCIAS BIBLIOGRÁFICAS

1. Segal Z, William J, Teasdale J. Mindfulness-Based Cognitive Therapy for Depression. 2.ed. New York: Guilford Press; 2018.

2. Hofmann SG, Sawyer AT, Witt AA, Oh D. The effect of mindfulness-based therapy on anxiety and depression: a meta-analytic review. J Consult Clin Psychol. 2010;78(2):169-83.

3. Teasdale JD, Segal Z, Williams JM. How does cognitive therapy prevent depressive relapse and why should attentional control (mindfulness) training help? Behav Res Ther. 1995;33(1):25-39.

4. Segal ZV, Kennedy S, Gemar M, Hood K, Pedersen R, Buis T. Cognitive reactivity to sad mood provocation and the prediction of depressive relapse. Arch Gen Psychiatry. 2006;63(7):749-55.

5. Nolen-Hoeksema S. Responses to depression and their effects on the duration of depressive episodes. J Abnorm Psychol. 1991;100(4):569-82.

6. Teasdale JD, Moore RG, Hayhurst H, Pope M, Williams S, Segal ZV. Metacognitive awareness and prevention of relapse in depression: empirical evidence. J Consult Clin Psychol. 2002;70(2):275-87.

7. Higgins ET. Self-discrepancy: a theory relating self and affect. Psychol Rev. 1987;94(3):319-40.

8. Kabat-Zinn J. Coming to our senses: healing ourselves and the world through *mindfulness*. New York: Hachette Books; 2005.

9. Mahathera N, Walshe MO, editors. Pathways of Buddhist thought: essays from The Wheel. New York: Barnes & Noble; 1972.

10. Kabat-Zinn J. Full catastrophe living, revised edition: how to cope with stress, pain and illness using mindfulness meditation. London: Piatkus; 2013.

11. Williams M, Penman D. Atenção plena. Rio de Janeiro: Sextante; 2015.

12. Roemer L, Orsille SM. A prática da terapia cognitivo-comportamental baseada em *mindfulness* e aceitação [Internet]. Porto Alegre: Artmed; 2009 [citado 24 julho 2019]. Disponível em: http://site.ebrary.com/id/10765213

13. Friary V. *Mindfulness* para crianças: estratégias da terapia cognitiva baseada em *mindfulness*. Novo Hamburgo: Sinopsys; 2017.

14. Friary V, Farag S. A prática de *mindfulness* (MBSR) como dispositivo terapêutico no tratamento da depressão em pacientes HIV-positivo: resultados de um estudo-piloto. Saúde E Desenvolv Hum. 2013;1(2):17-35.

15. Beck AT, Rush AJ, Shaw BE, Emery G. Cognitive therapy of depression. New York: Guilford Press; 1979. The Guilford Clinical psychology and psychotherapy series.

16. Lucena-Santos P, Pinto-Gouveia J, Oliveira M. Primeira, segunda e terceira geração de terapias comportamentais. In: Lucena-Santos P, Pinto-Gouveia J, Oliveira M, editores. Terapias comportamentais de terceira geração: guia para profissionais. Novo Hamburgo: Sinopsys; 2015. p. 29-58.

17. Knapp P, Beck AT. Fundamentos, modelos conceituais, aplicações e pesquisa da terapia cognitiva. Braz J Psychiatry. 2008;30:s54-s64.

18. Dobson KS, editor. Handbook of cognitive-behavioral therapies. New York: Guilford Press; 2001.

19. Beck AT. Thinking and depression: II. Theory and therapy. Arch Gen Psychiatry. 1964;10(6):561-71.

20. Rush AJ, Beck AT, Kovacs M, Hollon S. Comparative efficacy of cognitive therapy and pharmacotherapy in the treatment of depressed outpatients. Cogn Ther Res. 1977;1(1):17-37.

21. Rush AJ, Beck AT, Kovacs M, Weissenburger J, Hollon SD. Comparison of the effects of cognitive therapy and pharmacotherapy on hopelessness and self-concept. Am J Psychiatry. 1982;139(7):862-6.

22. Cordioli AV, Knapp P. A terapia cognitivo-comportamental no tratamento dos transtornos mentais. Braz J Psychiatry. 2008;30:s51-s53.

23. Greenberger D, Padesky CA, Rangé B. A mente vencendo o humor: mude como você se sente, mudando o modo como você pensa. Porto Alegre: Artmed; 2016.

24. Lucena-Santos P, Pinto-Gouveia J, Oliveira M, editors. Terapias comportamentais de terceira geração: guia para profissionais. Novo Hamburgo: Sinopsys; 2015.

6

Prevenção de Recaída Baseada em *Mindfulness* (MBRP) e a terapia cognitivo-comportamental

Isabel C. Weiss de Souza

> Tudo o que se vê não é
> Igual ao que a gente viu há um segundo
> Tudo muda o tempo todo no mundo
> Não adianta fugir, nem mentir pra si mesmo
> Agora, há tanta vida lá fora
> Aqui dentro sempre
> Como uma onda no mar.
> *Santos & Motta Filho, na voz de Lulu Santos, 1983*

INTRODUÇÃO

O uso e o abuso de substâncias são prevalentes no mundo todo e continuam sendo considerados um dos principais setores de crise na saúde mundial[1].

Dados da Organização Mundial da Saúde (OMS) mostram que são mais de 3 milhões de mortes por ano relacionadas ao consumo de álcool no mundo, que responde por mais de 5% da carga global de doenças e lesões, constituindo um fator de risco importante para diversas doenças, como câncer, doenças cardiovasculares, doenças transmissíveis como tuberculose, HIV/aids, além de condições associadas a violência e lesões, sendo o sétimo fator de risco de morte prematura e incapacidade[2,3].

O tabagismo é responsável por 5 milhões de mortes a cada ano, sendo a previsão para 2020 de 10 milhões ao ano, sendo 70% dessas perdas em países em desenvolvimento. Trata-se de uma das principais causas evitáveis de morte no mundo. Dados da OMS indicam 100 milhões de mortes durante o século XX relacionadas ao consumo de tabaco[3].

Toda essa carga de doenças e mortes se mantém como um desafio para os sistemas de saúde do mundo todo. Com isso, investimentos em pesquisas são feitos para identificar e testar ferramentas que possam efetivamente contribuir para tratamento e prevenção de recaída no consumo de substâncias[1].

Nas últimas décadas, surgiram diversos tratamentos que se mostraram eficazes, como, por exemplo, em relação ao tabagismo, as terapias de reposição de nicotina, técnicas baseadas em aconselhamento, mútua ajuda, terapias comportamentais e cognitivas, terapias de casal e famílias para dependentes de álcool, entrevista motivacional, entre outras. E para as outras drogas, foram desenvolvidos tratamentos de reposição/substitutivos, com uso da metadona, buprenorfina, naltrexone, além das terapêuticas citadas[1].

Em diversos países do mundo, muitos esforços também têm sido feitos nas últimas décadas com programas de redução de danos que visam essencialmente contribuir para a diminuição de doenças relacionadas ao consumo de drogas (p. ex., infecções pelo vírus HIV, hepatite C) e de infecções por bactérias (como na tuberculose) e doenças sexualmente transmissíveis, além de atuar na prevenção de crimes, acidentes e overdoses[4].

No entanto, apesar dos esforços e da disponibilidade de diretrizes internacionais de boas práticas (*guidelines*) para serviços voltados a tratamento e prevenção na área de drogas, as pesquisas têm mostrado que a adesão a estes *guidelines* não tem sido garantida, com falhas relacionadas a treinamentos, terapêuticas, serviços disponibilizados a até mesmo deficiência de pesquisas, principalmente em países de média e baixa renda. Com isso, torna-se cada vez mais evidente a necessidade de dados que reflitam efetivamente a realidade dessas práticas de forma fundamentada e precisa[1,4].

Os estudos mostram que, na verdade, poucos adultos que apresentam transtornos por uso de substâncias (TUS) procuram e recebem tratamento, e que a maioria desses adultos que tentam se abster apresentam recaída em 12 meses. Consequentemente, os esforços nessa área precisam concentrar-se em melhorar o acesso, o engajamento com o tratamento e a retenção em intervenções que realmente considerem a natureza crônica das recaídas nos TUS[5].

ENTENDENDO A (PREVENÇÃO DA) RECAÍDA

Muitos estudos vêm sendo desenvolvidos nos últimos 40 anos no sentido de compreender a natureza crônica dos TUS. A recaída é, sem dúvida, o maior desafio enfrentado por clínicos, estudiosos e, principalmente, por pacientes que sofrem do transtorno.

O modelo de Prevenção de Recaída (PR) proposto por Marlatt e Gordon[6] no início da década de 1980 passou por transformações ao longo dos anos[7] e se mantém como a intervenção mais influente no campo das dependências/adições nestas últimas décadas. Estudos de revisão demonstraram que entre os 46 tipos de tratamento pesquisados com qualidade metodológica assegurada e contemplando tamanho de efeito de tratamentos (*effect sizes*), 35 deles incorporavam elementos da PR, de modo que esse modelo funciona como um amplo guarda-chuva entre diferentes abordagens, ocupando os primeiros lugares no ranking entre as *top 10*[8].

De base cognitivo-comportamental, o modelo foi criado para reduzir a probabilidade e a gravidade da recaída após a cessação ou redução de problemas de comportamento, tendo sido inicialmente voltado para álcool e outras drogas e depois adaptado para vários outros comportamentos (compulsão sexual, alimentar, de exercícios físicos, depressão, entre outros)[8].

É importante definir o conceito de recaída não somente para os objetivos deste capítulo, mas para este livro como um todo, pois a maioria dos programas aqui apresentados se aplica como adjuvante no tratamento de transtornos psiquiátricos crônicos, ou seja, que cursam com recaídas. Define-se recaída como um revés que ocorre durante o processo de mudança de comportamento, quando o progresso ou a manutenção de um comportamento alvo (p. ex., abstinência da droga) é interrompido por um retorno ao padrão inicial. Porém, ela é vista como um processo dinâmico, complexo e não linear, e não como um fim em si mesma[8].

Modelos tradicionais atribuíam a recaída a questões endógenas, como fissura e abstinência, exclusivamente. O modelo dinâmico da PR considera aspectos contextuais, além de compreender também que a recaída começa antes do comportamento de uso da substância propriamente e pode se estender para além desse momento. Nesse sentido, terapeutas ajudam o paciente a identificar situações gatilho para a recaída e ensinam habilidades cognitivas e comportamentais para lidar com essas situações[5].

A ideia do lapso, proposta por Marlatt, flexibiliza um pouco o modelo tradicional, que o via como recaída, sendo dada agora ao paciente a oportunidade de compreender que o lapso pode acontecer sem que necessariamente ele retorne a padrões anteriores de consumo[8]. O lapso, entendido como um deslize no processo de abstinência, pode ou não impactar em fatores de vulnerabilidade à recaída, como sentimentos negativos e expectativas relacionadas ao efeito da substância. Mas como o processo é não linear, no tratamento o paciente aprende respostas de enfrentamento que o auxiliam, como ao considerar que "tomar uma dose de bebida é diferente de beber toda a garrafa". Muitas vezes, anteriormente, ele pensava: "Já tomei uma dose, agora já era...vou tomar todas!" (efeito de violação da abstinência – EVA, como visto na Figura 1)[7].

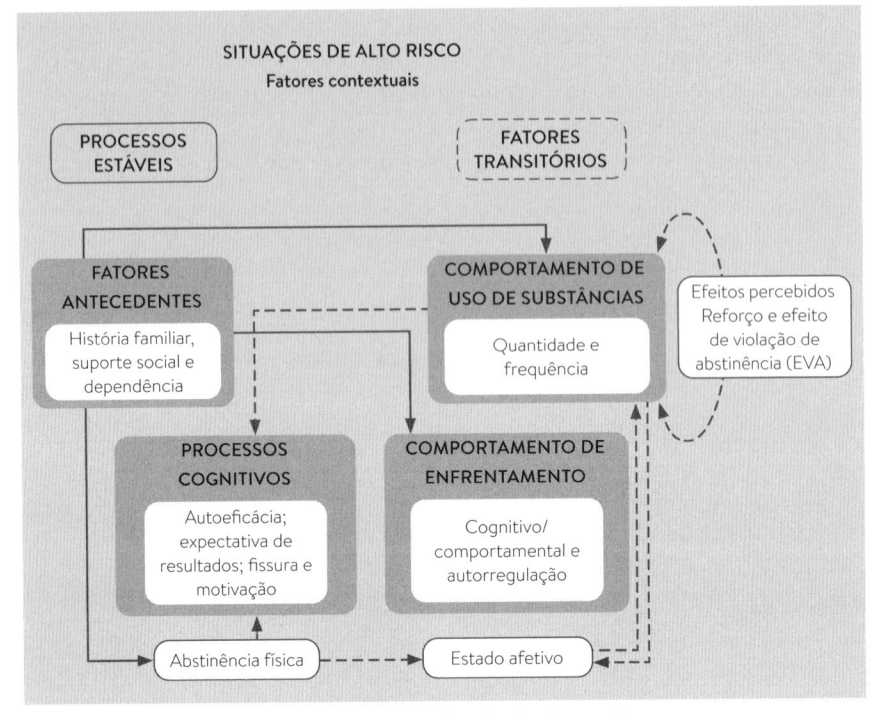

Figura 1 Modelo cognitivo-comportamental revisado da recaída.

A mais essencial contribuição desse modelo dinâmico do processo de recaída reside no fato de ele não ser linear e considerar que a mudança pode ser abrupta e se dar em várias direções, como mostra a Figura 1. Do mesmo modo, esse modelo acena também para a possibilidade de o paciente, juntamente com seu terapeuta, compreender o fator que influenciou, por exemplo, um lapso ou mesmo uma recaída, ajudando a identificar o que precisa ser visto, trabalhado e reforçado.

Nesse sentido, o momento da recaída e do lapso é visto como um retrato de como aquele paciente "funciona" com a droga, evidenciando quais são os fatores de proteção e os de risco e o que precisa ser potencializado no tratamento.

No entanto, apesar da ampla aplicação do modelo pelo mundo afora nos últimos 30 anos e da maior receptividade ao modelo dinâmico revisto mais recentemente, ainda há críticas presentes na literatura que apontam para a necessidade de estudos que investiguem mais profundamente as influências genéticas como potenciais moderadores dos resultados no tratamento e as avaliações neurocognitivas e neurobiológicas do processo da recaída, usando testes de cognição implícita e testes de neuroimagem avançados[8], ainda que já existam dados empíricos iniciais a esse respeito, como veremos mais adiante.

Além disso, para maior refinamento do modelo de PR, avalia-se também a necessidade de estudos que envolvam a habilidade de autorregulação, expectativa de resultados e EVA, uma vez que todos esses fatores podem ser manipulados experimentalmente.

Muitos estudos apontam também para a necessidade de modelos que atuem no pós-tratamento. Diversos centros de tratamento já trabalham com PR, mas não dispõem de recursos que atuem no contexto de cuidados contínuos, uma demanda importante quando se trata de um transtorno crônico, e os índices de recaída ainda são bastante expressivos no longo prazo[1].

E é nessa perspectiva que surge o modelo ampliado de PR, desenvolvido por Bowen et al.[9], denominado *Mindfulness-Based Relapse Prevention* (MBRP), do qual iremos tratar em seguida.

MINDFULNESS-BASED RELAPSE PREVENTION (MBRP)

Prevenção de Recaída Baseada em *Mindfulness* (MBRP) é um programa de pós-tratamento que inicialmente foi desenvolvido para pacientes com comportamentos aditivos que já tivessem passado por um tratamento de PR. O programa foi desenvolvido por pesquisadores do *Addictive Behaviors Research Center*, na University of Washington, em Seattle, nos Estados Unidos[9]. O programa integra práticas de meditação baseada em *mindfulness* com o modelo tradicional de PR exposto anteriormente.

O modelo de PR tem suas bases na terapia cognitivo-comportamental (TCC), que apresenta um suporte de evidência de eficácia no tratamento das adições. Na TCC assume-se que os pacientes apresentam pensamentos irracionais que contribuem para a manutenção do problema comportamental. O principal objetivo é modificar os pensamentos e os comportamentos que mantêm o problema[10].

Assim, os pacientes são estimulados a perceber os pensamentos irracionais correspondentes ao comportamento de uso da droga, por exemplo, e a substituí-los por pensamentos alternativos mais racionais e baseados em evidências. Vale ressaltar que muitos pacientes são resistentes a esse modelo, pois muitas vezes acaba por reforçar a ruminação, típica nesse processo, em razão do estímulo por suprimir pensamentos e sentimentos associados, o que acaba por comprometer a efetividade do tratamento no longo prazo[10].

Paradoxalmente, ao tentar suprimir emoções negativas, ou mesmo sensações como a fissura, elas emergem.[10] Estratégias baseadas em aceitação podem ser bastante eficazes nessa batalha entre autocontrole e desejo, ou, melhor dizendo, nesse mecanismo de aprendizagem baseado em recompensa explicado pela neurociência: gatilho-comportamento-recompensa[11], um modelo essencialmente comportamental. Voltaremos nisso mais adiante.

DE QUE FORMA O *MINDFULNESS* PODE EFETIVAMENTE CONTRIBUIR NESTE CENÁRIO?

Conforme já abordado nos demais capítulos deste livro, *mindfulness* auxilia o indivíduo a ver as coisas como elas se apresentam, em vez de focar no futuro, ou "na próxima dose", no caso das adições[9].

A psicologia budista enfatiza o reconhecimento dos sentimentos e a aceitação do desconforto quando ele surge, ampliando a possibilidade de compreensão da experiência intimamente, em vez de tentar fugir dela, o que do ponto de vista da TCC seria o comportamento de esquiva do sofrimento. Trata-se de uma abordagem baseada em compaixão, aceitação e abertura, no lugar da culpa e da vergonha relacionadas ao que está acontecendo no momento presente.

Muitas vezes, a pessoa que sofre de comportamentos compulsivos sequer reconhece o impulso que vem na direção do comportamento que a prejudica (consumo da droga, compras, sexo, adição ao celular, jogos etc.) e, muito menos, o acolhe e aceita como eventual (que é), acabando por desembocar na compulsão. O "simples" fato de sentir desejo em consumir (seu objeto de compulsão) normalmente já a faz sentir culpa, vergonha e um sentimento de impotência, levando-a a um círculo vicioso, uma espiral que começa com um gatilho (p. ex., encontrar com um amigo com quem sempre consumiu drogas), leva a um comportamento (p. ex., usar a droga juntos) e, por fim, a uma recompensa (efeito produzido pela substância + sensação de pertencimento a um grupo, por exemplo).

O treinamento em *mindfulness* promove consciência (*awareness*) da natureza eventual das coisas: "tudo muda o tempo todo", como diria Santos e Motta Filho na voz do cantor Lulu Santos (1983).

O MBRP é um programa que foi concebido por Bowen e seus colegas clínicos/pesquisadores com uma vasta experiência em TCC, em PR e em meditação. O programa auxilia o paciente na percepção dessa espiral de gatilho-comportamento-recompensa e no reconhecimento de cada etapa, sem que necessariamente tenha que enfrentar o processo com alguma ação que vise modificar a experiência, de modo que não se engaje num modo de agir automático.

Mindfulness é uma habilidade que se treina e que permite à pessoa perceber cada etapa desse processo que antes a levava a usar a substância. Explorando ainda o exemplo que acabamos de citar, no caso, ao encontrar o colega (algo eventual, que não se controla, mas que gera um estresse), surgiria o desejo de consumir (expectativa do efeito) e, simultaneamente, a vergonha, a culpa (afetos negativos que geralmente conduziriam a pessoa à recaída, a fim de se esquivar do desconforto) e até mesmo o sentimento de impotência decorrente de pensamentos do tipo "não vou conseguir", "a droga é mais forte que eu", "não posso frustrar meu amigo".

O reconhecimento desses elementos somados às sensações físicas provocadas por cada um deles (taquicardia, boca seca, tremores, frio no estômago etc.) instrumentalizam o sujeito com a percepção de que se trata de uma sequência de eventos e não de um bloco único, um processo com o qual ele pode sim lidar "separadamente", reconhecendo o caráter passageiro de cada um desses momentos.

O encontro com o colega não vai durar a vida toda, e o desejo de consumir vai passar em alguns minutos. Quanto aos pensamentos, são só pensamentos e não a representação da realidade, e são eles os grandes provocadores de sentimentos, como o de impotência, por exemplo.

Mindfulness não é SOS. Portanto, caso não tenha sido treinado fora da situação "olho do furacão", o paciente não vai conseguir ampliar essa percepção e se permitir reconhecer o intervalo que existe entre o estímulo e a resposta (o *gap* onde se situa o leque de possibilidades de resposta), como já diria Viktor Frankl (1946).

O MBRP é um programa estruturado, cujas sessões têm temas e objetivos específicos, visando desenvolver o estado de consciência metacognitiva que permita o reconhecimento mencionado, desenvolvendo uma atitude de abertura e aceitação, em vez de se mergulhar no comportamento habitual condicionado[9]. Diante de um gatilho, a pessoa pode fazer uma escolha *mindful*, que diminui a probabilidade da recaída. A escolha consciente do paciente poderá se basear naquilo que possa ser mais nutritivo para si mesmo, em vez de algo que possa reforçar o círculo vicioso da recaída, o qual antes lhe parecia inevitável e invencível.

Alguns programas combinaram elementos da TCC convencional com treinamento em *mindfulness*, assim como o *Mindfulness-Based Stress Reduction* (MBSR) e o *Mindfulness-Based Cognitive Therapy* (MBCT), ambos apresentados neste livro. O sucesso desses programas na recuperação de pacientes com estresse, dores crônicas, depressão, ansiedade, entre outras condições, chamou a atenção de diversos pesquisadores na área da saúde, que começaram a adaptar esses modelos a outras demandas clínicas.

Com o MBRP não foi diferente. Além de integrar elementos da TCC e da PR, Bowen, Chawla e Marlatt se inspiraram nesses dois programas anteriores para compor o MBRP. Esses programas baseados em *mindfulness* se diferenciaram da TCC convencional principalmente pelo fato de que não objetivavam mudar pensamentos e emoções, mas modificar a relação que a pessoa estabelece com eles. Ou seja, "ao invés de modificar a atividade mental para evitar a emergência de um comportamento, *mindfulness* envolve dar um passo para o lado e observar a produção mental, sem julgamento e sem a necessidade de reagir automaticamente a ele".[9,2]

A fala de uma paciente tabagista de 60 anos, que havia passado pelo tratamento de base cognitivo-comportamental do Sistema Único de Saúde (SUS), voluntária na pesquisa de doutorado desta autora, durante a 6ª sessão do treinamento de MBRP (que foi oferecido logo após o tratamento padrão do SUS), exprime bem do que falamos:

> "Eu vou dar uma consertada, porque me fez ver uma coisa no momento em que eu tava aqui, me fez ver que eu mesma tô poluindo a minha cabeça, que eu mesmo tô sendo vítima dos meus pensamentos, porque, quando vêm os pensamentos ruins, a gente aumenta a dose, vai pensando, pensando... E se acontecer isso? E se acontecer aquilo? E se acontecer aquilo? Então a gente mesmo vai poluindo a cabeça da gente. Quando vê, eu tô cheia de dor, tô sendo vítima dos meus pensamentos. Aí, a partir de hoje, se Deus quiser, com a Prática do Pensamento, eu vou colocar mais nas minhas meditações, pra mim não fazer o que eu tô fazendo comigo mesmo. Eu mesmo tô judiando de mim."

Esta habilidade que se treina, na verdade, possui uma ampla variedade de aplicações, não somente para lidar com o impulso automático ligado ao comportamento compulsivo, mas também com a reatividade. Diz respeito ao cultivo de um estado mental chamado de equanimidade, quando o "leme da atenção" mantém a consciência suave e constante, sem oscilações entre vieses e preferências[12], sem reprimir, julgar, negar ou ter aversão à experiência, nem tornar-se superexcitado ou tentar prolongar experiências sentidas como positivas, tornando-se adictos a elas, vivenciando assim o estado de *let it go* (deixar ir)[13].

A fala de uma paciente tabagista de 45 anos, que sofria de dores crônicas e depressão havia mais de 10 anos e havia passado pelo tratamento de base cognitivo-comportamental do Sistema Único de Saúde (SUS), voluntária na pesquisa de doutorado desta autora, durante a 4ª sessão do treinamento de MBRP (que foi oferecido logo após o tratamento padrão do SUS), exprime bem do que falamos:

> "No dia que eu medito, eu não tenho dor. Pena que eu não tenho, assim, muita paciência de ter, ter de fazer a meditação todos os dias, porque eu deveria fazer ela até era de manhã, porque aí eu passaria o dia muito bem. Eu sempre faço no horário de 3 horas da tarde, que é o horário que tá mais sossegadinho tudo, aí eu faço no horário de 3 horas da tarde todos os dias que eu faço. Sem remédio! Aí é que eu descubro que sem remédio, não preciso ficar me enchendo de remédio, de anti-inflamatório..."

O comportamento evitativo está relacionado a diversas situações que causam dor ou sofrimento e é aprendido pelo ser humano praticamente desde o nascimento. E não é exclusivo daquele que apresenta um comportamento compulsivo. Fugir de emoções e cognições desagradáveis, muitas vezes, torna-se uma experiência de "sucesso", uma vez que alivia a dor e/ou traz alívio, o que faz com que a pessoa busque aquele refúgio muitas vezes, além de criar a expectativa de que experiências positivas devessem durar para sempre. Ilusões.

No entanto, dentro da perspectiva de *mindfulness*, de consciência plena, entender o papel e a agenda das emoções é essencial, pois direciona o sujeito para seus valores e para o que realmente faz sentido para ele. Além disso, ajuda a reconhecer, acolher e se abrir com curiosidade para a necessidade que está ligada à emoção.

Pacientes que apresentam comportamentos compulsivos, em geral, utilizam-se desse estilo evitativo de enfrentamento, o que tem se mostrado associado com a severidade do TUS e com a fissura[10], uma vez que o sujeito não desenvolve outra forma mais adaptativa de lidar com aquele desconforto e fica preso à espiral da compulsão, reagindo sempre com recaídas diante da dor e do sofrimento, podendo-se enquadrar a fissura e os sintomas de abstinência nesse contexto.

A fala de um paciente tabagista de 55 anos que havia passado pelo tratamento de base cognitivo-comportamental do Sistema Único de Saúde (SUS), voluntário na pesquisa de doutorado desta autora, durante a 5ª sessão do treinamento de MBRP (que foi oferecido logo após o tratamento padrão do SUS), exprime bem do que falamos:

> "É porque aqui a gente tá no foco do cigarro, né, mas eu tava com outros problemas em casa, né, comigo, e eu consegui. Eu ainda virei pra ela e falei assim: 'Olha bem, eu tô numa fase que eu tô aqui louco de vontade de fumar um cigarro, hein. Você tá me pondo numa zona de perigo assim ó', e ela sabe, que ela ficou na maior torcida pra eu não fumar."

A frase "a dor é inevitável e o sofrimento opcional", atribuída a Carlos Drummond de Andrade, fala que a dor diz respeito ao que estaria fora de controle na vida, e o sofrimento seria tudo que agregamos a ela, como queixas, reclamações e pensamentos ruminativos circulares. É interessante compreender que na perspectiva budista tanto a tendência de segurar as situações prazerosas quanto a de evitar ou querer acabar com a dor (entendida aqui por tudo que seja inevitável) são formas de fissura (*tanha* em páli, literalmente "desejo ardente") e constituem a origem de todas as formas de sofrimento[13].

À medida que o paciente vai passando pelo treinamento em *mindfulness*, ele passa a se tornar mais consciente do processo que o levava à recaída, assim como se torna capaz de conseguir diferenciar o que ele é capaz de mudar e o que não é, trazendo muita luz à sua recuperação (Figura 2).

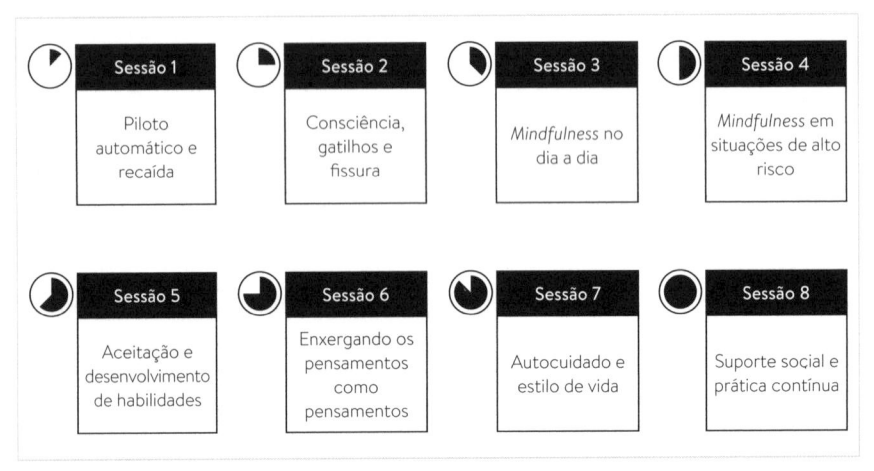

Figura 2   As sessões de Prevenção de Recaída Baseada em *Mindfulness* (MBRP).

As sessões de MBRP são semanais, têm a duração de duas horas (total de 16 horas) e acontecem em grupos que variam de 8 a 12 pessoas. Durante o processo, não se fala em abstinência, assim como não se "prescreve" nenhum outro tipo de comportamento. Apesar de originalmente o programa ter sido pensado para pacientes compulsivos em drogas, ele se aplica plenamente a outras compulsões, bem como a outras demandas, como veremos na Parte III deste livro, na qual a autora descreve sua experiência de adaptação do MBRP para população clínica em geral, numa perspectiva transdiagnóstica.

Componentes do MBRP[9]

- Práticas de meditação formais: respiração, meditação caminhando, escaneamento corporal, movimento *mindful*, meditação da montanha, bondade amorosa.
- Práticas informais: *mindfulness* no dia a dia, PARAR (Parar, Analisar, Respirar, Ampliar, Responder), "espaço para respirar", "surfando na fissura".
- Treinamento de habilidades de enfrentamento da PR.

Durante as sessões, os instrutores de MBRP treinam com seus pacientes as práticas meditativas baseadas em *mindfulness* relacionadas ao tema central daquela sessão, a fim de facilitar que os pacientes experimentem estar mais conscientes e encontrem respostas mais saudáveis diante dos desafios emocionais, cognitivos e de estados físicos que podem surgir relacionados à fissura, abstinência ou outros desafios[5], conforme vimos nas vinhetas de casos clínicos apresentados anteriormente.

O que se treina em cada sessão de MBRP?[5,14]

- Sessão 1 – Discute-se essencialmente sobre a tendência a reagir de maneira automática, sem consciência plena. Apresenta-se a prática de escaneamento corporal, que de início desperta muito estranhamento nos participantes, mas que vai se tornando a prática preferida da maioria deles.
- Sessão 2 – Foco nos gatilhos e fissuras e em como estes podem ser desencadeados por pensamentos, emoções e sensações. Discute-se sobre como a tendência a vieses de pensamentos e julgamentos impede de estar totalmente presente e aberto à experiência do presente, que pode estar repleta de opções que podem auxiliar.
- Sessão 3 – Introduzem-se práticas que podem ser usadas de maneira informal no dia a dia e que podem auxiliar em situações desafiadoras. O exercício do PARAR (Parar, Analisar, Respirar, Ampliar, Responder) é uma delas, tornando-se uma espécie de "carta coringa" que os pacientes passam a lançar mão em seu dia a dia, com muitas vantagens, sendo a principal delas a saída do piloto automático diante de situações desafiadoras.
- Sessão 4 – Identificam-se situações-gatilho e fatores associados à recaída em situações de alto risco.
- Sessão 5 – Discute-se o sentido e a importância da aceitação como uma atitude habilidosa em contraposição a reações automáticas diante de fissuras, emoções desafiadoras e pensamentos negativos.
- Sessão 6 – Pratica-se o distanciamento dos pensamentos numa visão em perspectiva, reconhecendo-os apenas como pensamentos e não como uma expressão da realidade, assim como percebendo a sua relação com a recaída.
- Sessão 7 – Discute-se a importância de um estilo de vida balanceado, do autocuidado e da autocompaixão como fatores protetores para a recaída em padrões de funcionamento disfuncionais. Identifica-se na rotina de cada um quais são as atividades nutritivas e quais são as desafiadoras, buscando gerar consciência quanto à necessidade de buscar um equilíbrio entre elas. É interessante nesta sessão o fato de que muitos descobrem que as atividades desafiadoras muitas vezes também são nutritivas, o que muda completamente a visão a respeito dos desafios.

- Sessão 8 – Discute-se sobre a importância de buscar um sistema de suporte, avalia-se o programa e reflete-se sobre o que os participantes aprenderam sobre eles mesmos por meio das práticas formais e informais de meditação.

O programa se desenvolve mesclando o aprendizado de práticas de meditação baseadas em *mindfulness* com treinamento de habilidades de enfrentamento da PR, com discussões estimuladas pelo instrutor a partir do *inquiry* (Figura 3), conforme iremos discutir em seguida. Os pacientes do grupo recebem todas as práticas guiadas gravadas para treino de 30 a 60 minutos em casa, pelo menos 6 dias na semana. A cada sessão recebem também folhetos com o resumo do que foi trabalhado e algumas tarefas de casa relativas principalmente a registros das práticas, com alguma observação a respeito, gravuras de posturas de movimento *mindful* a serem treinadas, planilhas sobre o uso do PARAR – Espaço para Respirar em situações desafiadoras etc.

Ao final do programa, o paciente tem consigo todo o material para que possa reproduzir o passo a passo por si mesmo quando quiser.

A seguir explicamos com mais detalhes algumas das práticas realizadas durante o programa:

- Prática da uva-passa: o programa inicia com a apresentação de um "objeto" aos participantes, que irão explorá-lo com curiosidade, como se fosse a primeira vez que tivessem acesso. Aguçando todos os sentidos ao experimentar uma única uva-passa, leva-se toda a atenção a cada etapa do exercício, que é guiado pelo instrutor.
- Escaneamento corporal: consciência corporal redirecionando a atenção para cada parte do corpo conforme guiado, assim como para toda e qualquer experiência que surja ali naquele momento, mas buscando não se "prender" a nenhuma delas, sempre retornando para o que estiver sendo guiado e, principalmente, usando a respiração como âncora da atenção, trazendo o foco para o momento presente.
- Prática da respiração, sons, pensamentos, sensações e emoções: treino da flexibilidade atencional e consciência da inter-relação dos processos. Nesta prática, o participante do grupo pode experimentar numa vivência em perspectiva a eventualidade de cada um desses processos, experimentando separadamente cada parte daquela espiral que normalmente o leva a agir no piloto automático.
- Atividades rotineiras: durante todo o treinamento, os integrantes do grupo são estimulados a levar a atenção plena às suas atividades diárias, como tomar

banho, comer, subir uma escada, escovar os dentes etc. Busca-se, assim, um reforço natural para o que é treinado nas práticas formais, descobrindo-se o novo a cada dia do cotidiano, onde o comportamento habitual e automático o impedia de ver beleza, cheiro, sabor, relaxamento etc.

- *Metta* e perdão: práticas como a da bondade amorosa, por exemplo, são advindas da tradição Theravada, na qual a meditação Vipassana tem suas raízes. Pretendem cultivar a atitude de compaixão e generosidade consigo mesmo, amigos, conhecidos e desconhecidos, e com todos os seres vivos. Autojulgamento e autocrítica estão na base do adoecimento em geral, mas nos pacientes com comportamentos compulsivos isso é mais acirrado, pois muitas vezes têm internalizado o estigma que experimentaram da sociedade e, com isso, apresentam, em geral, grande dificuldade em se perdoar e seguir em frente. Portanto, cultivar autocompaixão é fundamental em todo processo de recuperação[9,14].

Logo após cada prática, o instrutor irá realizar o *Inquiry* (Figura 3), que é uma breve discussão envolvendo os participantes, que são estimulados a compartilhar como foi para eles aquela experiência. A ideia é trazer a discussão para o momento presente, evitando histórias e reflexões que não tenham a ver com o que foi vivenciado ali naquele momento. Estamos treinando manter a consciência onde estamos, no que estamos experimentando no presente (sensações no corpo, pensamentos, emoções). Inicialmente, os participantes percebem que a mente tende a vaguear, associando o que experimentaram a alguma "historinha mental" (como provocativamente chamamos os devaneios da mente), mas logo retomam o "fio da meada" e trazem à discussão apenas o que experimentaram ali. Treinamos também o momento de experimentar o *letting go* ("deixar ir"), o que aos poucos vai sendo libertador para todos, pois passam a perceber como são prejudicados pelos atalhos da mente, pelos devaneios entre passado e futuro, que levam à perda de informações preciosas advindas da experiência atual. Estão plantadas as sementes da *awareness* (consciência plena) e da não reatividade.

A Figura 3 demonstra que o foco durante o *Inquiry* está na experiência direta, percebendo como a mente e o corpo reagem a ela (pensamentos e reações emocionais), percebendo que histórias e julgamentos, que antes comandavam o "espetáculo", agora são marginais e podem ser percebidos como apenas pensamentos, *letting them go* ("permitindo que eles se vão"). Esta é a forma como a mente funciona, entendemos que não há nada de errado com isso, e vamos aceitando e deixando ir, sem brigar ou reagir, o que antes gerava os processos ruminativos num círculo vicioso.

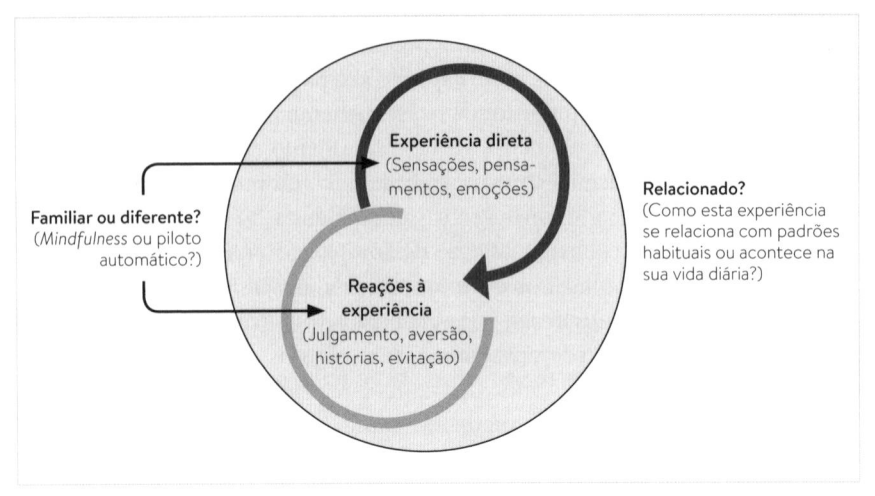

Figura 3 *Inquiry.*

A vinheta a seguir demonstra como uma paciente de 56 anos, tabagista que fez tratamento no SUS, foi inserida na pesquisa de doutorado desta autora e participou das 8 sessões, passou a lidar com pensamentos relativos a sentimentos de rejeição que, muitas vezes, eram gatilhos para o ato de fumar:

"Quanto ao curso, eu faço uma autoavaliação, eu tô me valorizando. Eu tô me achando como uma montanha...eu não sou pior ou melhor que ninguém; que eu tinha esse problema de rejeição.... Vi que o que eu penso não quer dizer que é real."

Não existe um alvo. Durante o treinamento, o que percebemos é justamente o caráter transdiagnóstico das intervenções chamadas de terceira geração da TCC (como visto na Parte I deste livro), como os programas de *mindfulness*, especialmente nas intervenções voltadas aos TUS, como o MBRP. Essa discussão será aprofundada na Parte III desta obra.

A pesquisa de doutorado que esta autora desenvolveu na Universidade Federal de São Paulo (Unifesp), conforme apresentado na introdução do livro, aconteceu entre os anos de 2011 (quando realizamos o estudo piloto, uma vez que se tratava da primeira experiência brasileira com o MBRP e a primeira experiência mundial do MBRP com tabagismo) e 2016 (na conclusão do doutorado), sendo o MBRP aplicado logo após o tratamento padrão para tabagismo do SUS, cuja base é cognitivo-comportamental e no qual os pacientes também recebem medicamentos e adesivos que auxiliam no processo de abstinência. A pesquisa foi aprovada pelo Comitê de Ética em Pesquisa da

Unifesp (CAAE: 01949612) e teve uma metodologia quantitativa e qualitativa. Os depoimentos apresentados neste capítulo são parte da avaliação qualitativa e foram autorizados pelos pacientes, que preencheram um Termo de Consentimento Livre e Esclarecido[15].

O que pudemos constatar, entre outras tantas coisas interessantes que inclusive já publicamos[14-18], é que os ganhos adquiridos no programa vão muito além da manutenção da abstinência do tabaco. Os pacientes percebem que estar mais conscientes os faz conseguir explorar alternativas de resposta mais nutritivas e funcionais aos desafios da vida (incluindo fissura e abstinência), e além disso mudam o foco do problema para a solução.

> "Foi tudo muito bom! Antes eu era muito impulsiva... Chegava, não parava, não pensava! Agora não... Agora eu consigo parar, pensar. Eu penso antes de falar. Como você disse... A gente tem que olhar pro corpo, e tá vendo, né?! As partes ali que a gente precisa trabalhar nele... Me ajudou muito!"

Estado da arte e limitações

Muitos avanços na ciência nos últimos anos vieram contribuir para maiores esclarecimentos na compreensão dos mecanismos envolvidos nos comportamentos aditivos e também para avaliar formas de tratamento adotadas no mundo todo ao longo destes últimos 30 anos, quando surgiram os primeiros tratamentos baseados em evidência nessa área.

Um elemento considerado crítico no processo de mudança de comportamento é a habilidade para responder de forma diferente na presença de afetos negativos[15,19,20]. Evidências sugerem que o reforço negativo da evitação diante de um afeto negativo – podendo este variar entre manifestações de estresse, fissura, ansiedade e depressão – acaba por retroalimentar o processo e manter um comportamento disfuncional[21]. A maior parte dos estudos contribui para a compreensão de que a compulsão (ou a adição) é mais bem considerada como um ciclo de uso compulsivo da substância facilitado por uma desregulação no circuito neural que regula a motivação e a experiência hedônica, o comportamento habitual e a função executiva[22].

Neurocientistas confirmam que comportamentos aditivos podem ser tratados mudando mecanismos envolvidos no autocontrole, os quais irão atuar na fissura, impulsividade e compulsão, humor negativo e na reatividade ao estresse, independentemente da intenção do paciente em se abster. Os sintomas relacionados ao autocontrole comprometido envolvem atividade reduzida em redes de controle, incluindo cingulado anterior (ACC), córtex pré-frontal adjacente (PFC) e estriado[23].

O treinamento comportamental, como a meditação *mindfulness*, pode aumentar a função das redes de controle e pode ser uma abordagem promissora para o tratamento da dependência, mesmo entre aqueles que não têm intenção de parar[23].

Nesse tipo de treinamento, estudos conduzidos por neurocientistas mostram que a atenção focada e o monitoramento aberto que se treinam exercitam processos cruciais para desenvolvimento da autorregulação do comportamento aditivo, assim como reorientação atencional, metacognição, reavaliação e controle inibitório[24].

O estudo de revisão sistemática recente de Byrne et al.[25] procurou identificar na literatura dados disponíveis sobre terapias de terceira geração para tratamento de transtorno por uso de álcool, envolvendo *mindfulness* e terapia de aceitação e compromisso (ACT – *Acceptance and Commitment Therapy*). Verificaram-se onze estudos que utilizaram *mindfulness* como abordagem e seis estudos que usaram a ACT.

O estudo encontrou suporte preliminar de que ambas as terapias de terceira geração são melhores do que nenhum tratamento ou tratamentos de eficácia mínima, além de evidências de que eles são comparáveis a tratamentos de base psicossocial efetivos para alcoolismo[25].

Outra conclusão importante é que, pelo fato de esses tratamentos não enfocarem diretamente na abstinência ou na redução do consumo de drogas, eles se tornam mais atraentes aos pacientes ambivalentes e são considerados pelos pacientes em geral como mais acessíveis e humanizados do que outras abordagens. A retenção de tratamentos baseados em terapias de terceira geração para alcoolismo tem variado de moderada a alta, o que é uma grande vantagem, uma vez que é bastante comum a baixa adesão aos tratamentos convencionais na área de drogas[15,25].

Outras vantagens do modelo das terapias de terceira geração encontradas pelos estudos é que *mindfulness* aumenta a tolerância associada ao estresse emocional e à fissura, além de atuar nos transtornos mentais comórbidos, o que torna sua abordagem transdiagnóstica[24,25].

Mas muito ainda há para se caminhar no sentido de se confirmar se tratamentos baseados em *mindfulness* para TUS são superiores àqueles que já se mostraram eficazes. O que se sabe é que além das vantagens indicadas aqui, o MBRP apresenta não somente maior adesão ao tratamento no médio prazo, oferecendo-se como uma alternativa viável de tratamento continuado no SUS, como também o índice de recaída entre pacientes que receberam MBRP mostra-se mais baixo do que no tratamento padrão baseado em terapia cognitivo-comportamental no longo prazo[15,26].

Estudos futuros precisam confirmar quais componentes de quais tratamentos funcionam melhor para quem, uma vez que não existe o tratamento melhor para todos. Tanto revisões sistemáticas de literatura quanto ensaios clínicos randomizados envolvendo *mindfulness* e drogas, assim como MBRP e drogas, apontam para limitações.

Apesar de os estudos terem crescido muito nas últimas duas décadas, são necessários ainda estudos longitudinais mais robustos, com amostras maiores e rigor científico que permitam fazer afirmações mais contundentes em relação à efetividade e eficácia dessas abordagens. As limitações na aplicação clínica serão discutidas no capítulo sobre casos clínicos, na Parte III do livro.

E por fim, parafraseando Hanley et al.,[27] "*mindfulness* significa muitas coisas". Na atualidade, é vasto o uso do constructo *mindfulness* na literatura com uma grande flexibilidade semântica, o que provoca até mesmo alguma confusão. Trata-se de um constructo em construção usado simultaneamente de quatro maneiras inter-relacionadas, variando desde um estado, passando por uma qualidade disposicional, um tipo de prática e uma classificação de intervenção terapêutica.[15] Seguimos pesquisando!

📚 REFERÊNCIAS BIBLIOGRÁFICAS

1. Tran BX, Moir M, Latkin CA, Hall BJ, Nguyen CT, Ha GH, et al. Global research mapping of substance use disorder and treatment 1971–2017: implications for priority setting. Subst Abuse Treat Prev Policy. 2019;14(1):21.

2. Organização Pan-Americana da Saúde/Brasil. OMS lança iniciativa de controle do uso nocivo de álcool para prevenir e reduzir mortes e incapacidades [Internet]. 2018 [citado 16 julho 2019]. Disponível em: https://www.paho.org/bra/index.php?Option=com_content&view=article&id=5774: oms-lanca-iniciativa-de-controle-do-uso-nocivo-de-alcool-para-prevenir-e-reduzir-mortes-e-incapacidades&Itemid=839

3. Organização Pan-Americana da Saúde/Brasil. Tabagismo [Internet]. 2019 [citado 16 de julho 2019]. Disponível em: https://www.paho.org/bra/index.php?Option=com_content&view=article&id=574:tabagismo&Itemid=463.

4. Wiessing L, Ferri M, Běláčková V, Carrieri P, Friedman SR, Folch C, et al. Monitoring quality and coverage of harm reduction services for people who use drugs: a consensus study. Harm Reduct J. 2017;14(1):19.

5. Grant S, Colaiaco B, Motala A, Shanman R, Booth M, Sorbero M, et al. Mindfulness-based relapse prevention for substance use disorders: a systematic review and meta-analysis. J Addict Med. 2017;11(5):386-96.

6. Marlatt GA, Gordon JR. Relapse prevention: maintenance strategies in the treatment of addictive behaviors. New York: Guilford Press; 1985.

7. Witkiewitz K, Marlatt GA. Relapse prevention for alcohol and drug problems: that was Zen, this is Tao. Am Psychol. 2004;59(4):224-35.

8. Hendershot CS, Witkiewitz K, George WH, Marlatt GA. Relapse prevention for addictive behaviors. Subst Abuse Treat Prev Policy. 2011;6:17.

9. Bowen S, Chawla N, Marllat A. Prevenção de Recaída Baseada em *Mindfulness* para comportamentos aditivos: um guia para o clínico. Rio de Janeiro: Cognitiva; 2015.

10. Von Hammerstein C, Khazaal Y, Dupuis M, Aubin H-J, Benyamina A, Luquiens A, et al. Feasibility, acceptability and preliminary outcomes of a mindfulness-based relapse prevention program in a naturalistic setting among treatment-seeking patients with alcohol use disorder: a prospective observational study. BMJ Open. 2019;9(5):e026839.

11. Brewer J. Mindfulness training for addictions: has neuroscience revealed a brain hack by which awareness subverts the addictive process? Curr Opin Psychol. 2019;28:198-203.

12. Morgan DM, Morgan ST, Germer CK. Cultivar a atenção e a compaixão. In: Germer CK, Siegel RD, Fulton PR, editores. Mindfulness e psicoterapia. Porto Alegre: Artmed; 2016. p. 78-96.

13. Desbordes G, Gard T, Hoge EA, Hölzel BK, Kerr C, Lazar SW, et al. Moving beyond mindfulness: defining equanimity as an outcome measure in meditation and contemplative research. Mindfulness. 2014;2014.

14. Weiss de Souza IC. *Mindfulness* e terapia cognitivo-comportamental na prevenção de recaída. In: Zanelatto NA, Laranjeira R, editores. O tratamento da dependência química e as terapias cognitivo-comportamentais. Porto Alegre: Artmed; 2018. p. 213-25.

15. Weiss de Souza IC. Avaliação da efetividade do programa de Mindfulness-Based Relapse Prevention (MBRP) como estratégia adjunta ao tratamento da dependência de tabaco [tese]. [São Paulo]: Universidade Federal de São Paulo; 2016.

16. Weiss de Souza IC, Noto AR. Tratamentos em grupo baseados em *mindfulness*. In: Neufeld C, Rangé B, editores. Terapia cognitivo-comportamental em grupos. Porto Alegre: Artmed; 2017. P. 189-92.

17. Weiss de Souza IC, Barros VV, Kozasa EH, Bowen S, Pereira LH, Noto AR. Prevenção de Recaída Baseada em *Mindfulness*: a experiência brasileira. In: Ronzani TM, editor. Intervenções e inovações em álcool e outras drogas. Juiz de Fora: EDUFJF; 2014. p. 111-34.

18. Weiss de Souza IC, Noto AR, Little S. *Mindfulness* e dependência química. In: Neufeld C, Falcone EMO, Rangé B, editores. Procognitiva: Programa de Atualização em Terapia Cognitivo-Comportamental. Porto Alegre: Artmed; 2014. p. 9-56.

19. Weiss de Souza ICW, de Barros VV, Gomide HP, Miranda TCM, Menezes V de P, Kozasa EH, et al. Mindfulness-based interventions for the treatment of smoking: a systematic literature review. J Altern Complement Med NYN. 2015;21(3):129-40.

20. Weiss de Souza IC, Kozasa E, Rabello L, Mattozo B, Bowen S, Richter K, et al. Dispositional mindfulness, affect and tobacco dependence among treatment naive cigarette smokers in Brazil. Tob Induc Dis. 2019;17.

21. Brewer JA, Bowen S, Smith JT, Marlatt GA, Potenza MN. Mindfulness-based treatments for co-occurring depression and substance use disorders: what can we learn from the brain? Addict Abingdon Engl. 2010;105(10):1698-706.

22. Koob GF, Volkow ND. Neurobiology of addiction: a neurocircuitry analysis. Lancet Psychiatry. 2016;3(8):760-73.

23. Tang Y-Y, Posner MI, Rothbart MK, Volkow ND. Circuitry of self-control and its role in reducing addiction. Trends Cogn Sci. 2015;19(8):439-44.

24. Garland EL, Howard MO. Mindfulness-based treatment of addiction: current state of the field and envisioning the next wave of research. Addict Sci Clin Pract. 2018;13(1):14

25. Byrne SP, Haber P, Baillie A, Costa DSJ, Fogliati V, Morley K. Systematic reviews of mindfulness and acceptance and commitment therapy for alcohol use disorder: Should we be using third wave therapies? Alcohol. 2019;54(2):159-66.

26. Bowen S, Witkiewitz K, Clifasefi SL, Grow J, Chawla N, Hsu SH, et al. Relative efficacy of mindfulness-based relapse prevention, standard relapse prevention, and treatment as usual for substance use disorders: a randomized clinical trial. JAMA Psychiatry. 2014;71(5):547-56.

27. Hanley AW, Abell N, Osborn DS, Roehrig AD, Canto AI. Mind the gaps: are conclusions about mindfulness entirely conclusive? J Couns Dev. 2016;94(1):103-13.

7
Mindfulness para a Saúde (MBPM): Breathworks

Érika Leonardo de Souza

> **"**
> Eu soube, não de maneira racional, mas no meu coração, que a vida só pode se desenrolar um momento por vez; percebi que o momento presente é sempre suportável e provei a confiança que esse momento traz. O medo se esvaiu e eu relaxei.
>
> *Vidyamala Burch*

INTRODUÇÃO

A *Breathworks* e o programa *Mindfulness* para a Saúde foram criados por Vidyamala Burch, em Manchester, Reino Unido. O programa da *Breathworks* tem como base o programa de Redução do Estresse Baseada em *Mindfulness* (*Mindfulness-Based Stress Reduction* – MBSR) desenvolvido por Jon Kabat--Zinn e as experiências pessoais de Vidyamala Burch com a dor crônica. Também fazem parte do programa elementos-chave da Terapia Cognitiva Baseada em *Mindfulness* (*Mindfulness-Based Cognitive Therapy* – MBCT).

Após muitos anos de prática de meditação e atenção plena para manejar a sua própria experiência de dor e doença, Vidyamala participou de um retiro com Kabat-Zinn em 2001 e, nesse mesmo ano, fundou a *Breathworks*. Uma descrição completa das experiências pessoais de Vidyamala com a dor pode ser encontrada no livro *Viva bem com a dor e a doença**. O programa tem como objetivo principal desenvolver habilidades para o manejo da dor e da doença por meio do *mindfulness* e da compaixão.

No site da *Breathworks* encontramos os seguintes números: 11.000 pessoas foram beneficiadas pelos seus programas nos últimos anos; existem 476 professores em 35 países treinados e acreditados pela *Breathworks*. O Brasil é um

---

* Disponível em: https://www.breathworks-mindfulness.org.uk/

desses países. Além de termos alguns professores acreditados, desde 2018 os professores do Respira Vida *Breathworks*, da Espanha, única instituição autorizada a certificar professores dos programas da *Breathworks* na Ibero-América, estão treinando professores aqui no Brasil.

Em 2007, Dharmakirti Zuazquita iniciou o projeto do Respira Vida *Breathworks* na Espanha; em 2012, o Respira Vida se constituiu como uma associação e, no mesmo ano, começou a formar os primeiros professores do programa de *mindfulness* para a saúde.

É importante ressaltar que a conexão de Vidyamala Burch com a *mindfulness* se deu por meio de seu envolvimento com o Budismo, que investiga a atenção plena de forma minuciosa. Assim, a *Breathworks* é sensível às preocupações de ensinar a atenção plena fora do quadro ético original em que foi estabelecida, desenvolvendo seus programas de *mindfulness* dentro da base budista da "bondade amorosa" (*loving kindness*)[2].

A compaixão tem um papel central nos programas da *Breathworks*, ocupando cerca de metade do programa de *Mindfulness* para a Saúde. A compaixão é compreendida como a genuína motivação de aliviar o sofrimento, o nosso e o das outras pessoas. *Mindfulness* inclui uma qualidade emocional de calor, amabilidade e compaixão para si e para os demais. Na tradição budista, *mindfulness* e compaixão são como as duas asas de um pássaro, que tem igual importância e se complementam. A compaixão tem um papel tão importante no programa da *Breathworks* que o Respira Vida *Breathworks* tem nomeado o programa de "*Mindfulness* e Compaixão para a Saúde".

Este capítulo tem como objetivo descrever o programa *Mindfulness* para a Saúde (MBPM), a relevância clínica na Terapia Cognitivo-Comportamental (TCC) de alguns de seus elementos e as evidências científicas que o embasam.

O PROGRAMA *MINDFULNESS* PARA A SAÚDE (MBPM) – BREATHWORKS

Trata-se de um programa psicoeducativo, grupal, de 8 semanas (mais um mini retiro de silêncio de 5-8 horas), com duração de 2,5 horas cada sessão, que segue estândares de qualidade (UK Network for *Mindfulness-Based Teacher Training** e *Modelo de competências docentes MBI – TAC*, da Universidade de Bangor) e é baseado na evidência científica e nas práticas contemplativas. A cada aula, são abordados conceitos-chave (psicoeducação), práticas de meditação formal e movimentos com atenção plena, discussões em grupo e indagação

---

* Disponível em: https://app.ukmindfulnessnetwork.co.uk/

apreciativa das práticas meditativas (perguntas sobre a experiência direta, com o objetivo de trazer à luz qualquer coisa que o aluno tenha notado durante a prática e também de refletir sobre a experiência). Os alunos são orientados a fazer tarefas de casa, como meditações, diários e o liberador de hábitos.

Em seu livro *Viva bem com a dor e a doença*, Vidyamala[1] propõe um modelo de cinco passos para o desenvolvimento da atenção plena. Nesse modelo, há um passo a mais implícito no passo 4, que é a conexão com os outros. O Respira Vida *Breathworks*, após vários anos de trabalho, expandiu esse modelo para seis passos, usando-o em suas formações e programas de modo explícito. A partir dessa reformulação, a *Breathworks* também tem usado o modelo dos seis passos, mas de modo mais implícito.

Os "Seis Passos de *Mindfulness* e Compaixão", como designado pelo Respira Vida *Breathworks*, é uma espécie de mapa que mostra de modo sistemático um caminho de contínuo aprofundamento e desenvolvimento da consciência plena. Abaixo, uma descrição do modelo*:

- Passo 1 – *A consciência é possível – mindfulness*: nesse primeiro passo, aprendemos a prestar atenção ao que está acontecendo no momento, ou seja, aprendemos a olhar "para" a nossa mente e coração e não apenas olhar "a partir" deles. Dessa maneira, desenvolvemos uma consciência de que a experiência real no momento atual muitas vezes não é o que se pensa que ela é. Também é nesse passo que aprendemos a focar a atenção em uma coisa de cada vez e a trazer a mente de volta quando ela se dispersa (manejo de pensamentos). Porém, esse é o início do aprendizado, pois essa habilidade é algo que cultivamos ao longo de toda uma vida. O passo 1 é treinado nas semanas 1, 2 e 3.

- Passo 2 – *Ir ao encontro do desagradável – Aceitação e autocompaixão*: o segundo passo consiste em se aproximar do que é desagradável/difícil, o que significa permitir que o que quer que estejamos atualmente achando difícil ou doloroso simplesmente possa estar presente. Isso só é possível porque nos aproximamos dessa dificuldade com uma atitude gentil, suave, terna e sem julgamentos, como quando abraçamos uma criança que acabou de se ferir. O abraço não vai aliviar a dor naquele momento, porém há o acolhimento, o cuidado. Isso nos leva a desenvolver uma consciência mais precisa de qualquer sofrimento primário presente e ajuda a superar nossa tendência natural de rechaçar a dor ou outros desconfortos, criando o que Vidyamala chama de "sofrimento secundário". Assim, descobrimos que a

---

* Há explicações pormenorizadas no site: www.respiravida.net.

dor e o desconforto não são sólidos, mas sim um fluxo de sensações em constante mudança. Mais adiante será explicado o que é sofrimento primário e secundário. O passo 2 é treinado na semana 4.

- Passo 3 – *Ir ao encontro do agradável – Curiosidade e apreciação*: nesse passo, aprendemos a nos tornar sensíveis aos elementos agradáveis da nossa experiência, o que pode ser considerado uma decorrência natural do passo 2. Quando estamos sofrendo, podemos perder de vista que parte de nossa experiência é agradável. Pode ser algo simples, como uma sensação de calor nas mãos ou outra sensação agradável em nosso corpo, algo que percebemos na natureza, ou o silêncio. É importante ressaltar que não se trata de se distrair dos aspectos desagradáveis da vida – buscar o prazer e evitar a dor –, mas sim permitir que esses aspectos estejam em segundo plano na consciência. É um redirecionamento do foco atencional para aspectos agradáveis da experiência, que certamente estão ocorrendo, mas que, na luta para resistir ao sofrimento, são ignorados por nós. O passo 3 é treinado na semana 5.

- Passo 4 – *Um recipiente maior – Perspectiva e equanimidade*: no quarto passo, ampliamos nosso campo de consciência para incluir e manter, ao mesmo tempo, os aspectos agradáveis e os desagradáveis da nossa experiência no momento presente. Aqui, em vez de nos concentrarmos nas sensações de dor ou prazer, nos tornamos conscientes dos diversos aspectos de cada momento, conforme eles surgem e desaparecem, sem rechaçar, de forma automática, os desagradáveis e se apegar aos agradáveis. Aprendemos a incluir toda a nossa experiência em uma perspectiva mais ampla, com equanimidade, aceitando a totalidade da nossa experiência. O passo 4 é treinado na semana 6.

- Passo 5 – *Conexão – Humanidade compartilhada*: no quinto passo, incluímos a consciência dos outros. Até aqui, encorajamos a consciência de si mesmo. A partir de agora, expandimos nossa consciência, colocando-nos na pele dos outros. Todos nós temos um corpo que experimenta sensações, todos temos pensamentos e emoções, e todos tentamos, de maneira muito semelhantes, evitar o sofrimento e agarrar-nos ao prazer. Temos diferentes personalidades e maneiras de nos comportar, mas, por trás de tudo isso, repousa o desejo básico e comum de evitar o sofrimento e ser feliz. É o que chamamos de humanidade compartilhada, e se pudéssemos nos relacionar com os outros sobre o seu fundamento, essa experiência poderia transformar o isolamento em empatia e conexão. O passo 5 é treinado na semana 7.

- Passo 6 – *A escolha – Escolher em vez de reagir*: o passo 6 consiste em aprender a escolher responder em vez de reagir automaticamente aos aspectos difíceis e desagradáveis da vida. A "escolha" é o comportamento que resulta dos passos anteriores. A liberdade para escolher como reagir é a essência da prática da atenção plena.

A cada semana, novos conceitos-chave e práticas são ensinados[4]. Na semana 1, é introduzido o "escaneamento corporal", que é a base do programa. Essa meditação nos convida a mover nossa consciência pelo corpo, percebendo as diferentes sensações que encontramos, enfatizando que existe uma diferença entre pensar em uma sensação e experimentá-la diretamente. O conceito-chave dessa sessão é a diferença entre sofrimento primário e sofrimento secundário, conceitos desenvolvidos por Vidyamala Burch.

Na semana 2 é introduzida a prática da "A âncora da respiração". É por meio dessa meditação que aprendemos a tomar consciência dos nossos pensamentos e emoções e deixar de lutar contra eles. Com isso, podemos perceber que muitos de nossos pensamentos e sentimentos ocorrem no "piloto automático" e que a maior parte do nosso sofrimento é uma reação a eles. A meditação da âncora da respiração nos ensina a responder de modo distinto a esses pensamentos e sentimentos, diminuindo a identificação com eles.

Na semana 3 são introduzidos os "movimentos conscientes". A dor e a doença afetam sobremaneira nossa capacidade de desempenhar tarefas cotidianas, o que pode levar ao sedentarismo e a uma série de problemas de saúde secundários. Assim, nessa semana, são introduzidos alguns exercícios muito suaves de movimentos conscientes. Esses movimentos, baseados na yoga e no método pilates, foram desenvolvidos especialmente para o programa da *Breathworks*. O objetivo não é o desenvolvimento da capacidade física (ainda que isso possa ocorrer), mas sim a qualidade da consciência enquanto fazemos os movimentos, incluindo perceber os limites "duros" (além das possibilidades) e os limites "suaves" (aquém das possibilidades) ao nos movimentar. Nessa semana também aprendemos o Programa de Esforço Equilibrado (*Pacing*), o que nos ajuda a evitar os ciclos de hiperatividade e hipoatividade.

Na semana 4 é introduzida a prática "A aceitação compassiva". Essa meditação nos convida a deixar de evitar nossas dificuldades, enfrentando-as com uma atitude gentil e autocompassiva. Aprendemos a aceitar o que não podemos mudar (sofrimento primário) e aliviar ou superar aquilo que podemos mudar (sofrimento secundário).

Na semana 5 é introduzida a meditação "O tesouro do prazer", proporcionando as ferramentas necessárias para que possamos descobrir as experiências agradáveis e prazerosas que frequentemente estão ocultas por trás do sofrimento. Focamos toda a nossa atenção em sensações agradáveis muito simples, como o calor das mãos e o sabor da comida preferida, e isso resulta em uma experiência bastante transformadora. Nessa semana, também é discutido o fato de o nosso cérebro ser "teflon para experiências agradáveis e velcro para experiências desagradáveis", um viés atencional que herdamos dos nossos ancestrais e que foi importante para a sobrevivência da espécie[5]. A meditação "tesouro do prazer" e o "liberador de hábitos" dessa semana (Quadro 1) nos treinam no redirecionamento da atenção para experiências agradáveis, e isso só é possível graças à plasticidade do cérebro. Além do alívio da dor, o programa da *Breathworks* também tem como objetivo que as pessoas voltem a amar a vida.

Na semana 6 é introduzida a prática "O coração aberto". Com essa meditação, desenvolvemos uma consciência ampla e bondosa de toda a nossa experiência, o que significa estar consciente das experiências desagradáveis e das agradáveis ao mesmo tempo, nos tornando um "recipiente maior" (equanimidade). Outro conceito-chave dessa semana são os três sistemas de regulação emocional, desenvolvido por Paul Gilbert[6], no qual é explicitada a importância de ativarmos, por meio das práticas meditativas e de atitudes gentis e amáveis de autocuidado, o sistema de afiliação emocional como um importante aspecto do manejo da dor e de situações difíceis.

Na semana 7, expandimos os sentimentos de bondade e compaixão da semana 6 para os outros com a meditação "A conexão". Aqui, reconhecemos nossa humanidade compartilhada, nossa conexão com os demais. O isolamento intensifica a dor, o sofrimento e o estresse, enquanto a meditação da conexão diminui essa experiência.

A semana 8 marca o início do resto de nossas vidas. Ocorre um resumo do curso e é oferecido o esboço de um programa de práticas que sejam sustentáveis em longo prazo ("caixa de ferramentas de *mindfulness* e compaixão"). Essa sessão nos recorda, de modo amável, que ainda que não possamos controlar o que nos acontece, sempre podemos escolher o modo de responder. Nessa sessão, os alunos praticam a meditação "A consciência amável", que faz uma síntese dos diferentes elementos do programa (responder amavelmente a toda a nossa experiência; abrir-se ao desagradável com aceitação e autocompaixão; observar que as sensações de dor não são fixas ou sólidas; ir ao encontro do agradável; ampliar a perspectiva – equanimidade; dar-se conta dos padrões e tendências de comportamento que compartilhamos – humanidade compartilhada).

O Quadro 1 sintetiza os elementos do programa semana a semana[7]:

Quadro 1 Integração dos diferentes elementos do programa "*Mindfulness* para a saúde (MBPM)" a cada semana do Respira Vida Breathworks

	Tema	Conceito-chave	Prática de meditação	Liberador de hábitos	O processo dos 6 passos
Semana 1	O corpo respirando	O que é *mindfulness*? Sofrimento primário e secundário Consciência da respiração e do corpo	Meditação: Escaneamento corporal	Passar tempo na natureza	Passo 1: A consciência é possível (Aprender a prestar atenção não reativa à experiência interna e externa)
Semana 2	Habitar o corpo	Modo fazer e modo ser Voltar aos nossos sentidos Os pensamentos não são fatos Relacionar-se com a vida como um fluir	Meditação: Âncora da respiração	Olhar o céu por um momento	
Semana 3	Viver e se mover com *mindfulness*	Limites brandos e limites duros Ciclo de hiperatividade e hipoatividade Esforço equilibrado e valores de referência Três minutos *mindfulness* (3MM)	Movimentos conscientes	Observar uma chaleira com água fervendo	
Semana 4	Aproximando-se do desagradável	Resistência e aceitação Bloquear e transbordar	Meditação: A aceitação compassiva	Fazer as pazes com a gravidade	Passo 2: Aproximar-se do desagradável (Aceitação e autocompaixão)
Semana 5	O tesouro do prazer	O viés para o negativo O tesouro do prazer Naquilo em que pensamos ou habitamos, nos tornamos	Meditação: O tesouro do prazer	Escrever 10 experiências agradáveis	Passo 3: Ir ao encontro do agradável (Apreciação e curiosidade)
Semana 6	Encontrando equanimidade	Os três sistemas emocionais A amabilidade Recipiente maior – equanimidade	Meditação: O coração aberto	Parar para ver e escutar todos os dias	Passo 4: Um recipiente maior (Perspectiva e equanimidade)
Semana 7	Abertura para o que nos rodeia	Conexão: A dimensão social de *mindfulness* Equilibrar o esforço	Meditação: A conexão	Realizar ações de bondade de modo aleatório	Passo 5: Conexão (Humanidade compartilhada)

(continua)

Quadro 1 Integração dos diferentes elementos do programa "*Mindfulness* para a saúde (MBPM)" a cada semana do Respira Vida Breathworks (*continuação*)

	Tema	Conceito-chave	Prática de meditação	Liberador de hábitos	O processo dos 6 passos
Semana 8	A jornada continua	Três ferramentas: consciência focalizada, consciência aberta e consciência compassiva Recursos para continuar a jornada	Meditação: A consciência amável		Passo 6: A escolha (Escolher em vez de reagir)

Fonte: Adaptação de Zuazquita, 2019[7]; tradução: Erika Leonardo de Souza.

APLICAÇÕES (ESTADO DA ARTE)

Evidências científicas

Faz parte dos estândares de qualidade de um programa de *mindfulness* o embasamento na evidência científica, e o programa de *Mindfulness* para a Saúde conta com essas evidências, que serão apresentadas a seguir.

A pesquisa de Alonso Llácer e Ramos-Campos[8] teve como objetivo avaliar a melhora do ajustamento psicológico do paciente oncológico por meio da aplicação do programa *Mindfulness* para a Saúde. Foram avaliados 22 pacientes, antes e depois da intervenção. Foi observada uma melhora significativa na escala que mede a atenção plena, a autocompaixão e o bem-estar psicológico, satisfação com a vida e vitalidade subjetiva, além de redução significativa da dor. Embora os resultados sejam promissores, os autores advertem para a importância de replicar o estudo com um grupo controle e um número maior de participantes, para que se possa generalizar esses resultados.

Agostinis et al.[9] realizaram uma investigação com 57 indivíduos com dor crônica que participaram do programa da *Breathworks*. Metade desses indivíduos recebeu uma recomendação direta de seu médico e a outra metade participou de uma sessão de degustação, na qual eles poderiam optar por se inscrever no curso se desejassem. Todos os participantes (independentemente de terem se voluntariado ou terem recebido recomendação do clínico) relataram uma qualidade de vida e níveis de autocompaixão significativamente maiores após o curso, além de terem reportado menos dor interferindo em suas vidas. No entanto, aqueles que se voluntariaram também experimentaram benefícios adicionais, como redução dos sintomas depressivos, do pensamento catastrófico e aumento dos níveis de *mindfulness*. Além disso, esse grupo manteve também esses benefícios por um período mais longo do que o grupo que foi indicado por um clínico.

O estudo de Long et al.[10] utilizou técnicas de entrevista e grupo focal para explorar a experiência retrospectiva que os participantes tiveram em um curso de *Mindfulness* para a Saúde que haviam realizado no passado. Trinta e sete participantes do curso (e 7 professores da *Breathworks*) com uma série de condições de saúde de longo prazo relataram mudanças de vida positivas, mesmo anos após o término do curso. Os autores utilizaram essas respostas para desenvolver um modelo das experiências dos participantes, no qual descreveu-se que estes se tornaram mais conscientes, passaram a aceitar suas condições e a responder de forma mais compassiva às suas necessidades.

Cusens et al.[11] realizaram estudo com 53 indivíduos que viviam com dor crônica. Foram divididos em dois grupos; um recebeu o curso da *Breathworks* e o outro recebeu sua rotina e tratamento habituais. Os participantes do curso da *Breathworks* relataram níveis significativamente mais altos de bem-estar do que o grupo controle, incluindo maior aceitação em relação à dor e níveis mais baixos de pensamento ruminativo e sentimentos de desesperança. Além disso, os participantes do curso da *Breathworks* perceberam-se significativamente mais conscientes do que o grupo controle, incluindo maior consciência quanto à sua atenção e humor positivo.

CONCEITOS E PRÁTICAS DO PROGRAMA DA *BREATHWORKS* COM RELEVÂNCIA CLÍNICA NA TERAPIA COGNITIVO--COMPORTAMENTAL (TCC)

Germer[12] afirma que *mindfulness* não é de modo algum um modelo de psicoterapia, mas um processo curativo subjacente a todas as psicoterapias. Dessa forma, a sua incorporação no modelo clássico da TCC é possível e relevante clinicamente.

O programa da *Breathworks* possui alguns elementos com importante relevância clínica para os terapeutas que trabalham com o modelo cognitivo-comportamental e que incorporam *mindfulness* e compaixão nas suas práticas.

De modo geral, as terapias baseadas em *mindfulness* estabelecem uma relação diferente com o sofrimento humano. Não queremos negar o sofrimento ou afastá-lo a todo custo das nossas vidas, mas sim mudar o modo como nos relacionamos com ele. Como já dissemos, Vidyamala parte dos ensinamentos budistas para criar o programa da *Breathworks*. Buda disse, há mais de 2.500 anos, que o sofrimento é inerente à experiência humana e existe no cerne de nossa condição. Vidyamala parte da história das duas flechas, contada pelo Buda, para desenvolver os conceitos de sofrimento primário e sofrimento secundário. Nessa história, Buda explica que quando o leigo experimenta uma sensação dolorosa, ele se preocupa, entra em agonia ou se perturba. Assim, sente dois tipos de dor, uma física e uma mental. É como se ele fosse atingido por uma flecha e imediatamente em seguida por uma segunda flecha, sentindo assim a dor de duas flechas[1].

O que Buda chamou de primeira flecha, Vidyamala chamou de sofrimento primário. Em seguida, há uma reação à dor (aversão, resistência, ressentimento), e procura-se fugir dessa dor de todas as maneiras possíveis. Essa resistência à dor cria uma espécie de prisão à tensão e ao sofrimento, uma luta sem fim. A isso Buda denominou de segunda flecha, e Vidyamala descreveu como sofrimento secundário. Ela ainda acrescenta que há dois tipos de sofrimento secundário: bloquear (inquietação, irritação, compulsões de todos os tipos, ansiedade, negação etc.) e afundar (exaustão, falta de interesse, desengajamento, embotamento, passividade, depressão, isolamento, autocomiseração etc.)[1].

A resistência, também conhecida como esquiva experiencial nas abordagens de terceira geração da TCC[13], é nossa tendência instintiva de repelir o desconforto. Vamos aqui considerar o ditado "aquilo a que você resiste, persiste". Na psicoterapia baseada em *mindfulness*, em vez de identificar o sintoma para posteriormente extirpá-lo, nós ajudamos os pacientes a identificar o sofrimento primário, deixar de lutar contra ele (diminuindo assim as resistências/esquivas) e, consequentemente, a identificar o sofrimento secundário (os sintomas). As atitudes desenvolvidas nos programas da *Breathworks* nos ajudam a nos aproximarmos do sofrimento primário com aceitação e autocompaixão, permitindo uma exposição (dessensibilização) segura a esse sofrimento (sensações físicas, emoções e pensamentos), sendo um importante mecanismo de eficácia das intervenções baseadas em *mindfulness*. Dessa forma, então, dizemos que o *mindfulness* ajuda a promover a aceitação da experiência interna.

A aceitação é um poderoso mecanismo de mudança, sendo considerada parte da evolução da TCC clássica, não algo que existe fora dela[14]. Ela não é algo passivo (resignação), mas sim um recurso interno, uma força para conduzir as mudanças que queremos realizar em nossas vidas. No entanto, só podemos fazer isso quando nos damos conta de que existem processos internos e externos que não podemos mudar. Assim, aceitação significa admitir o que acontece, deixar de lutar, renunciar ao controle, em vez de desejar ou tentar fazer com que as coisas sejam diferentes, e não necessariamente gostar das coisas como elas são[14]. Quando lutamos contra algo que existe em nossa experiência, a luta passa ser a única experiência possível. Deixamos de ter uma vida plena. Aceitar diz respeito a acolher o fluxo natural da vida, e desenvolvemos essa habilidade ao observar, na meditação, que sensações físicas, emoções e pensamentos não são sólidos ou fixos, mas sim estão em constante mudança.

A vinheta clínica a seguir mostra o processo de reconhecimento do sofrimento secundário e o processo de aceitação de uma paciente. C., 50 anos, morava no exterior e após voltar para o Brasil passou a apresentar ataques de pânico, o que a levou a procurar a psicoterapia. Uma importante causa de sofrimento para ela era a crítica que as amigas faziam sobre seu peso e a forma do seu corpo. Ela passou então a criticar seu próprio corpo e iniciou dietas e exercícios, visando emagrecer. Além disso, após a mudança, começou a apresentar também compulsão por compras. A identificação desses sintomas como sofrimento secundário foi fundamental para o processo psicoterápico. Assim, foi possível abordar a aceitação gentil da sua situação de medo e vulnerabilidade na nova e desconhecida situação de vida no Brasil. As meditações "escaneamento corporal", a "âncora da respiração" e a "aceitação compassiva" foram fundamentais nesse processo. Nesse momento da terapia, C. não apresenta mais ataques de pânico. Em alguns momentos, sente-se ansiosa, consegue perceber sensações físicas de ansiedade e, por meio das habilidades adquiridas, é capaz de notar o ir e vir dessas sensações e não se identificar com elas.

Essa percepção do ir e vir dos pensamentos e sensações é central na maneira como abordamos os processos cognitivos nas abordagens terapêuticas que incluem *mindfulness*. Na TCC, as emoções e os comportamentos são cognitivamente mediados. Isso significa que ocorre um processamento cognitivo de todas as informações que nos chegam pelos órgãos dos sentidos (o que também denominamos interpretação dos eventos), e é o que pensamos sobre os eventos que influencia nossas emoções e comportamentos. Assim, um dos objetivos centrais da TCC é a mudança desses pensamentos disfuncionais para outros mais realistas, o que denominamos de reestruturação cognitiva.

No contexto das terapias baseadas em *mindfulness*, os terapeutas objetivam alterar a relação que o paciente tem com seus pensamentos, em vez de modificá-los ou substituí-los por outros mais "funcionais". O que é funcional nesse contexto é a desidentificação com pensamentos e emoções, desenvolvendo-se a habilidade de ser um observador dos pensamentos, processo conhecido como desfusão cognitiva[13].

A Terapia Cognitiva Baseada em *Mindfulness* (MBCT) evidencia esse aspecto ao dizer que seus efeitos duradouros, ou seja, seu papel na prevenção das recaídas de depressão, se devem ao fato de modificar a relação da pessoa com os seus pensamentos. Assim, apesar de a TCC explicitamente enfatizar a modificação do conteúdo do pensamento, questionando-o e buscando provas que corroborem ou refutem seu verdadeiro valor, a MBCT sugere a necessidade de que essas mudanças ocorram em outro nível, um nível que sempre esteve presente implicitamente na TCC, ou seja, aquele em que os pensamentos são compreendidos como fenômenos mentais e não como algo real e concreto[15].

A meditação da âncora da respiração do programa da *Breathworks* oferece uma abordagem de manejo dos pensamentos ao possibilitar aos pacientes uma observação gentil do fluxo dos seus pensamentos. Usando as sensações da respiração no corpo como âncora meditativa, os pacientes são orientados, a cada vez que perceberem uma inevitável distração, a considerar essa percepção um "momento mágico" de tomada de consciência, retornando, de modo gentil, a sua atenção para a âncora da respiração, quantas vezes isso for necessário. "Os pensamentos não são fatos" é uma frase muito utilizada com nossos pacientes e alunos.

P., 22 anos, está em psicoterapia há dois meses. Suas queixas iniciais dizem respeito a pensamentos obsessivos, com altos níveis de ansiedade e dificuldade de organização nos estudos. Antes de iniciar a terapia, ele fazia uso de um aplicativo de meditação para celular chamado Headspace. Antes de iniciar as práticas meditativas, foi utilizada uma prática de relaxamento. P. apresentava bastante tensão muscular e foi considerado mais importante que ele aprendesse a relaxar o corpo antes de iniciar a meditação. Em seguida, foi introduzido o escaneamento corporal e depois a âncora da respiração. Na primeira vez em que P. realizou a âncora da respiração na sessão ele mencionou que foi "incrivelmente tranquilizador" poder olhar para os pensamentos e não a partir deles. Relatou que conseguiu, de modo muito claro, perceber-se como um observador do que se passava em sua mente. P. realiza as práticas em sua casa diariamente, apresentando melhora importante nos pensamentos obsessivos e na ansiedade.

Como já foi dito, a compaixão é uma atitude de *mindfulness*. No processo psicoterapêutico, quando *mindfulness* está desabrochando, a sensação é de compaixão. Podemos dizer que a compaixão emerge naturalmente das práticas de *mindfulness*. Porém, ao nos sobrecarregarmos com emoções intensas, podemos pensar que somos imperfeitos, incapazes, não merecedores de amor, e o *mindfulness* se torna limitado, à medida que entrar em contato com essas emoções se torna aversivo. Muitos pacientes não apenas se sentem mal, mas acreditam que estão mal. O que eles precisam é serem resgatados da vergonha e da autocrítica[16].

A ênfase na compaixão no programa da *Breathworks* instrumentaliza os terapeutas a abordarem com os pacientes a importância de confortar e acalmar a experiência ao mesmo tempo que desenvolvem uma consciência ampla do que está ocorrendo. O *mindfulness* diz: "sinta a dor com ampla consciência e ela mudará". A autocompaixão acrescenta: "seja gentil com você mesmo em meio à dor e ela mudará"[16].

A psicoterapia baseada em *mindfulness* (e qualquer outra abordagem psicoterapêutica) não deveria ter como objetivo uma "cura" individual, mas sim uma "cura" social. Especificamente, as abordagens psicoterapêuticas baseadas no *mindfulness* e na compaixão alcançariam esse objetivo por meio do desenvolvimento de uma consciência aberta, ampla e compassiva, com suspensão dos julgamentos e reconhecimento da nossa humanidade compartilhada, compreendendo que o bem-estar individual é mais provável quando todas as pessoas estão engajadas no bem-estar comum, ou seja, com consciência de que a felicidade das outras pessoas é essencial para a nossa própria felicidade. O cultivo de *mindfulness* e compaixão não deveria servir para objetivos individuais, de performance, mas sim para o florescimento de toda uma sociedade.

LIMITAÇÕES, CONTRAINDICAÇÕES E CUIDADOS

O programa *Mindfulness* para a Saúde da *Breathworks* não é uma abordagem psicoterápica. Qualquer programa de *mindfulness* se insere no contexto psicoeducacional e de desenvolvimento de habilidades. Ressaltamos neste capítulo alguns elementos desse programa que podem ser utilizados em uma abordagem psicoterápica que tenha *mindfulness*, aceitação e compaixão como referenciais teóricos e técnicos. Ressalta-se que apenas profissionais com certificação oficial nesse programa podem realizar grupos e também oferecer o programa de forma individual para seus pacientes.

REFERÊNCIAS BIBLIOGRÁFICAS

1. Burch V. Viva bem com a dor e a doença. São Paulo: Summus; 2011.
2. Pizutti LT, Carissimi A, Valdivia LJ, Ilgenfritz CAV, Freitas JJ, Sopezki D, et al. Evaluation of Breathworks' Mindfulness for Stress 8-week Course: Effects on depressive symptoms, psychiatric symptoms, affects, self-compassion, and mindfulness facets in Brazilian health professionals. J Clin Psychol. 2019;75(6):970-84.
3. Respira Vida Breathworks. Manual de tareas del programa *mindfulness* para el estrés MBPM [Internet]. 2018 [citado 26 julho 2019]. Disponível em: https://www.respiravida.net/manual-*mindfulness*-mpe-mbpm.
4. Burch V, Penman D. Tú no eres tu dolor: *mindfulness* para aliviar el dolor, reducir el estrés y recuperar el bienestar. Barcelona: Kairós; 2016.
5. Hanson R, Mendius R. O cérebro de Buda: neurociência prática para a felicidade. São Paulo: Alaúde; 2012.
6. Gilbert P. Compassion focused therapy: distinctive features. New York: Routledge; 2010.
7. Zuazquita D. Revisión narrativa de las publicaciones de investigación de la literatura científica relacionadas con el programa *mindfulness* para la salud MBPM de Respira Vida Breathworks [Monografia]. Zaragoza: Universidad de Zaragoza; 2019.
8. Llácer LA, Campos MR. *Mindfulness* y cáncer: aplicación del programa MBPM de "Respira Vida Breatworks" en pacientes oncológicos. RIECS Rev Investig Educ En Cienc Salud. 2018;3(2):33-45.
9. Agostinis A, Barrow M, Taylor C, Gray C. Self-selection all the way: Improving patients' pain experience and outcomes on a pilot Breathworks Mindfulness for Health Programme [apresentação de pôster]. In: British Pain Society Annual Conference. Birmingham: The British Pain Society; 2017.

10. Long J, Briggs M, Long A, Astin F. Starting where I am: a grounded theory exploration of mindfulness as a facilitator of transition in living with a long-term condition. J Adv Nurs. 2016;72(10):2445-56.
11. Cusens B, Duggan GB, Thorne K, Burch V. Evaluation of the breathworks mindfulness-based pain management programme: effects on well-being and multiple measures of mindfulness. Clin Psychol Psychother. 2010;17(1):63-78.
12. Germer CK. O que é? Qual é a sua importância? In: Germer CK, Siegel RD, Fulton PR, editors. *Mindfulness* e psicoterapia [Recurso eletrônico]. Porto Alegre: Artmed; 2016. p. 2-36.
13. Hayes SC, Strosahl K, Wilson KG. Acceptance and commitment therapy: an experiential approach to behavior change. New York: Guilford Press; 2003.
14. Roemer L, Orsillo SM, Veronese MAV, Neves Neto AR. A prática da terapia cognitivo-comportamental baseada em *mindfulness* e aceitação. Porto Alegre: Artmed; 2010.
15. Segal ZV, Teasdale JD, Williams MG. MBCT Terapia cognitiva basada en el *mindfulness* para la depresión. Barcelona: Kairós; 2015.
16. Morgan WD, Morgan ST. Cultivar a atenção e a compaixão. In: Germer CK, Siegel RD, Fulton PR, editores. *Mindfulness* e psicoterapia [Recurso eletrônico]. Porto Alegre: Artmed; 2016. p. 85-101.

8

Outros programas baseados em *mindfulness* para a saúde: *Mindful Self-Compassion* e *Mindful Eating*

Érika Leonardo de Souza
Paula Teixeira

> A autocompaixão é a força interior que nos permite ser mais plenamente humanos –reconhecer nossos defeitos, aprender com eles e fazer as mudanças necessárias com uma atitude de bondade e respeito próprio.
>
> *Christopher Germer*

INTRODUÇÃO

Após 1979, ano no qual Jon Kabat-Zinn desenvolveu o *Mindfulness-Based Stress Reduction* (MBSR), houve uma explosão de programas baseados em *mindfulness* para populações específicas que enfrentam todos os tipos de desordens de saúde física e mental[1].

Nos últimos anos, organizações diversas, desde o exército dos Estados Unidos até empresas como a Google, começaram a desenvolver e a oferecer programas de *mindfulness*[2]. Um número crescente de escolas incorpora programas para que professores tenham mais saúde e assim possam ensinar de maneira mais efetiva seus alunos[3]. Foram desenvolvidos ainda programas baseados em *mindfulness* para parturientes e pais, para insônia, doenças crônicas e transtornos alimentares. É sabido que a definição de ser humano saudável, segundo a Organização Mundial da Saúde (OMS), vai além da ausência da doença, considerando-se saúde um bem-estar biopsicossocial amplo. Logo, esse fenômeno dos múltiplos programas de intervenções baseadas em *mindfulness* (MBI) deriva das proeminentes evidências que foram sendo construídas ao longo dos últimos anos, desde o surgimento do MBSR.

Os programas de *mindfulness* demonstraram atuar de diversas formas nos mais diversos agravos à saúde. O aumento do *mindfulness* disposicional provou modificar o cérebro, alterar a função imunológica, aumentar o HDL colesterol, diminuir a hemoglobina glicada e o LDL-colesterol, bem como atuar na depressão, ansiedade, insônia, fibromialgia, doenças crônicas, dor crônica, estresse, *burnout*, saúde cardiovascular, obesidade e diabetes[1,4]. O Quadro 1 mostra os principais programas de *mindfulness* na saúde.

Quadro 1 Programas de *Mindfulness* com ação na saúde

Programa	População e objetivos
Mindful Self-Compassion	População geral. Saúde mental e física geral, resiliência, sofrimento psicológico inerente da vida humana
Mindfulness-Based Interventions for Older Adults[5]	Idosos. Bem-estar físico e mental na terceira idade
Mindfulness-Based Eating Awareness Training (MBEAT)	População com comer transtornado, obesidade, transtorno de compulsão alimentar transitória
Mindfulness-Based Eating Solution (MBES)	Público geral e população com comer transtornado. Alimentação saudável e intuitiva, bem-estar geral e comer transtornado
Mindfulness-Based Strengths Practice (MBSP)	População geral, população em *languish* (definhar). Desenvolver forças de caráter e cultivar o florescimento (*flourish*).
Mindfulness-Based Mind Fitness Training (MMFT)	Policiais, bombeiros, soldados e veteranos da guerra, com o intuito de lidar com os efeitos do trauma e estresse prolongado
Search Inside Yourself	Trabalhadores, empresários. Prevenção de estresse no trabalho, resiliência e liderança compassiva
Mindful Eating Conscious Living (ME-CL)	Público geral. Bem-estar geral e saúde
CARE for Teachers (Cultivating Awareness and Resilience in Education)	Educadores. Programa visa melhorar o bem-estar geral dos educadores para que possam educar melhor seus alunos
Mindfulness-Based Childbirth Programs and Parenting	Bem-estar materno antes e depois do parto

Este capítulo trará uma visão geral de outros tipos de programas de *mindfulness* disponíveis para que os indivíduos possam viver vidas significativas e, assim, ter mais saúde física e mental. Empiricamente, diante do exposto, conclui-se que existirão tantas adaptações de programas de *mindfulness* quanto populações com comorbidades e especificidades diferentes.

Entre os programas citados até aqui serão pormenorizados o programa *Mindful Self-Compassion* (MSC) e os programas de *Mindful Eating*, em virtude de sua relevância clínica.

DESCRIÇÃO DOS PROGRAMAS

Mindful Self-Compassion (MSC)

A escolha de aprofundar neste capítulo o MSC se deu pela relevância das numerosas evidências deste programa e da perspectiva futura da autocompaixão dentro do campo do *mindfulness* e de sua aplicabilidade na terapia cognitivo-comportamental (TCC).

O MSC foi desenvolvido por Kristin Neff e Christopher Germer. Kristin Neff, que estuda a autocompaixão há mais de uma década, definiu e operacionalizou uma maneira de mensurá-la. Atualmente, é professora associada da Universidade do Texas pelo Departamento de Psicologia Educacional. Germer é PhD, psicólogo clínico e pesquisador, professor de psiquiatria na Harvard Medical School, membro do corpo docente fundador do Instituto de *Mindfulness* e Psicoterapia e do Centro de *Mindfulness* e Compaixão da mesma instituição.

Como se sabe, o aumento do *mindfulness* disponível eleva a capacidade de desidentificação, permitindo ao indivíduo diferenciar seus eventos privados das contingências ambientais. São justamente consequências da desfusão cognitiva a diminuição da ruminação e a possibilidade de os indivíduos se relacionarem de maneira mais adaptativa com seus eventos privados e as contingências ambientais gerais, o que promove o bem-estar psicológico advindo do desenvolvimento do *mindfulness*[6].

Nesse fenômeno, encontra-se o aumento da capacidade de estar atento e consciente do conteúdo que surge, momento a momento, na interação com o mundo interno e externo. A autocompaixão surge, então, como uma habilidade essencial de enfrentamento a desafios, novos e antigos, que passarão a ser notados com o aumento de *mindfulness* diante da autofala negativa, autocrítica, sentimentos desafiadores e hábitos recorrentes. Porém não tentamos mudar ou controlar esses eventos, mas sim desenvolver a habilidade de estar com eles, sendo totalmente humano, não evitando-os[7].

Dessa maneira, a autocompaixão permite aumentar os níveis de *mindfulness*, pois o indivíduo se torna mais capaz de estar presente a seus eventos privados, tanto por não se fundir a eles, quanto por permitir o desenvolvimento dos recursos de enfrentamento necessário, além de promover o aumento da motivação pela bondade e autorrespeito. Um estudo controlado e randomizado, publicado por Germer e Neff[8], demonstrou que a maioria dos participantes (76%) relatava ter experiência anterior com *mindfulness* e mesmo assim apresentou aumentos significativos nos níveis de *mindfulness* (19%) após o MSC, além de apontarem maior satisfação com a vida (24%) e diminuição da depressão (24%), ansiedade (20%), estresse (10%) e evitação emocional (16%).

O MSC foi desenvolvido para aumentar a autocompaixão, a compaixão pelos outros e a satisfação na vida. Diversos estudos demonstraram que o desenvolvimento da autocompaixão está fortemente associado ao bem-estar emocional, diminuição clínica de ansiedade e depressão, aumento de hábitos saudáveis e melhora nos relacionamentos pessoais[9].

Com duração de oito semanas e sessões de duas horas e trinta minutos, mais uma sessão de retiro em silêncio, as práticas são entregues tanto nas sessões quanto por práticas informais, que são realizadas entre as sessões, incorporadas na vida diária do participante.

O desenvolvimento da autocompaixão pelos participantes se dá tanto pelas práticas propostas quanto pela modelagem dos professores do programa, que durante sua formação incorporam essas características e ensinam de uma perspectiva de sua própria prática.

Estrutura do programa MSC

- Sessão 1 – Descobrindo a autocompaixão: o que é autocompaixão, apresentação das pesquisas e discussão sobre autoestima, fisiologia da autocompaixão e da autocrítica. Experienciar diferentes maneiras para cultivar autocompaixão na vida.

- Sessão 2 – Praticando *mindfulness*: por meio de exercícios e práticas, incorporar a atenção plena e descobrir como essa habilidade complementa a autocompaixão, ajudando a identificar os pensamentos e percepções que levam à autocrítica e ao sofrimento e como trabalhar com eles.

- Sessão 3 – Praticando a bondade amorosa: práticas de bondade amorosa para consigo mesmo e cultivo de frases de suporte autocompassivas que trarão sustentação para a jornada do programa e para sessões mais desafiadoras.

- Sessão 4 – Descobrindo sua voz compassiva: prática da bondade amorosa para consigo mesmo. Exploração da autocrítica *versus* motivar-se com compaixão.

- Sessão 5 – Vivendo profundamente: prática de dar e receber compaixão visando a regulação das relações. Práticas para aproximação com valores pessoais e para identificar o valor oculto no sofrimento.
- Sessão 6 – Encontrando-se com emoções difíceis: práticas para construir recursos e para lidar com as emoções difíceis, além de cultivar a não evitação das emoções. Trabalhar com a vergonha.
- Sessão 7 – Explorando as relações difíceis: prática "O amigo compassivo". Explora-se a dor da desconexão, satisfazer as próprias necessidades, fadiga do cuidador e compaixão com equanimidade, visando cultivar recursos para lidar com relacionamentos passados e presentes.
- Sessão 8 – Abraçando a vida: o programa MSC investiga o sofrimento e o modo como o paciente se relaciona com ele, visando ter mais recursos e equanimidade diante desse processo. Nessa sessão final, os participantes são encorajados a saborear o doce e o amargo da vida, encontrando paz no sofrimento, mas também a beleza de estar vivo, além de explorar as possibilidades da construção de uma vida pautada em valores e que valha a pena ser vivida.

Programas de *Mindful Eating*

Isoladamente, a alimentação é o principal fator de risco para a saúde que encurta a vida vivida sem doença. Apesar da expectativa de vida geral ter aumentado nos últimos anos, o quanto os indivíduos estão com saúde e independência compõe um índice que tem sido acompanhado por um grande monitoramento de dados de saúde populacional mundial chamado *Global Burden of Disease* (GBD) (em português, Carga Global das Doenças). Esse monitoramento conta com 3.600 pesquisadores em mais de 145 países; os dados capturam a morte prematura e incapacidade de mais de 350 doenças e agravos em 195 países, por idade e sexo, de 1990 até o presente, o que vem permitindo comparações ao longo do tempo, entre grupos etários e entre populações[10].

Um estudo baseado no GBD feito em 2012[11] demonstrou que "o maior fator de risco para a saúde no Brasil e no mundo foi a alimentação inadequada". O estudo lista, em ordem decrescente, os riscos relativos por anos de vida ajustados para a incapacidade (somatória dos anos de vida perdidos por morte precoce com os anos vividos com incapacidade, ponderados pelo grau de incapacidade e pelo número de mortes ou os anos de vida perdidos): alimentação inadequada, hipertensão arterial, uso de álcool, alto índice de massa corpórea, tabagismo, taxa elevada de glicose, sedentarismo, riscos ocupacionais, hiperlipidemia e uso de drogas.

Dietas pobres em frutas, legumes, cereais integrais, nozes e sementes, fibras, leite, cálcio, ômega 3, óleos e ácidos graxos polinsaturados, dietas ricas em sódio, carne vermelha, carne processada, bebidas açucaradas e gorduras trans e, ainda, distúrbios ligados a imagem corporal, comportamentos alimentares de risco (CAR), práticas não saudáveis para o controle de peso (PNSCP), além dos distúrbios alimentares, são condições que vêm crescendo estatisticamente nas duas últimas décadas, culminando em um aumento significativo na prevalência de transtornos para a saúde associados a esses agravos.

A insatisfação corporal, os CAR e as PNSCP estão comprovadamente ligados a transtornos alimentares graves, depressão e obesidade. Um estudo longitudinal de 10 anos evidenciou que cerca de um milhão de jovens, de 15 a 19 anos, todos os meses, utilizam métodos laxativos ou vômitos para controle de peso. Ainda, mais da metade dos adolescentes de uma escola de ensino médio americana reportou uma desordem alimentar, em estudo realizado em março de 2015. No país, cerca de 32% dos adolescentes de 12 escolas técnicas apresentaram PNSCP e 12% distúrbios alimentares[12-14].

O GBD[11] demonstrou também que o número de países que conseguiu diminuir os números da obesidade nos últimos 33 anos foi zero. O aumento do sobrepeso na população mundial vem na contramão da imagem corporal padrão desejada cada vez mais magra.

A associação entre beleza, sucesso e felicidade com um corpo magro a qualquer custo conduz as pessoas para a prática de dietas abusivas e outras formas não saudáveis de regulação do peso, o que torna a população cada vez mais preocupada com o peso, consequentemente mais sujeita a CAR e PNS-CP e mais predisposta a transtornos alimentares como anorexia, bulimia e compulsão alimentar, além de transtornos de distorção corporal e distúrbios depressivos.

O conteúdo comum dos programas de *Mindful Eating*

A visão da psicopatologia dos transtornos alimentares é essencial para a compreensão da atuação dos programas de *Mindful Eating* no comportamento alimentar. Os programas são baseados nos conceitos do movimento "Saúde em todos os tamanhos" e são abordagens não dietéticas e não prescritivas.

Como apresentado, a combinação insatisfação corporal e dieta restritiva guia os indivíduos para uma série de distorções cognitivas próprias da proibição do comer.

- *Mindfulness-Based Eating Awareness Training* (MB-EAT): Programa criado por Jean Kristeller, desenvolvido ao longo do trabalho de Jean para população com comer transtornado e transtorno da compulsão alimentar transitória, com suporte financeiro do National Institutes of Health. O programa visa atuar na relação distorcida e disfuncional dos indivíduos com a comida e seus corpos.

Os estudos realizados com MB-EAT demonstram diminuição de 90% dos episódios de compulsão alimentar, melhora na ansiedade e depressão, maior sensação de conectividade, melhora da escala do "poder da comida" que avalia o comer por exposição ao alimento e, ainda, melhora da qualidade alimentar.

O programa tem 12 semanas de duração, com duas horas e trinta minutos de sessão. São nove semanas seguidas, a décima sessão 15 dias após a nona, e duas sessões de acompanhamento (11 e 12) com 30 dias de espaçamento; tem suas bases na terapia comportamental dialética (DBT) e no MBSR e recebeu influências do programa *Mindfulness Based Relapse Prevention* (MBRP)[15].

- MBES: Programa criado por Lynn Rossy, atual presidente do The Center For Mindful Eating. Lynn é professora de *Mindfulness-Based Stress Reduction* (MBSR) há 20 anos, psicóloga e professora doutora da Universidade de Columbia (EUA).

  O programa é composto por dez sessões de duas horas de duração. As aulas incluem instruções formais de práticas de atenção plena (meditação, meditação sentada, escaneamento corporal e yoga consciente) e discussões em grupo para abordar o componente experiencial das classes e componentes didáticos, enfatizando a aplicação da atenção plena, princípios do comer intuitivo e informações relevantes para facilitar a mudança do relacionamento com os alimentos e o corpo.

  A pesquisa sobre o programa *Eat for Life* demonstra que os participantes aumentam a alimentação intuitiva, a apreciação em relação ao corpo e a atenção plena, além de diminuir os padrões de alimentação problemáticos, como compulsão alimentar[16].

- *Mindfulness Based Eating Solution – Eat For Life* (ME-CL): Programa criado por Jan Chozen Bays, pediatra e monja zen-budista, e Char Wilkins, psicóloga e professora certificada de MBSR. Este programa é certificado pela Universidade de San Diego, Califórnia, e aborda a relação entre o corpo e a comida pelo desenvolvimento da atenção plena.

Pilares comuns dos programas de *Mindful Eating*

- *Mindful eating* – comer atento: o comer atento integra a inteligência interna com a inteligência externa presente nos indivíduos. É desenvolvido pelos programas por meio da atenção aberta, gentil e curiosa ao comer e da percepção das sensações internas de fome e saciedade, aumentando assim a consciência e o prazer dos participantes sobre os motivos de se alimentar. No comer atento, não se descarta a inteligência externa sobre os alimentos e suas características nutricionais, mas sim integra essas informações na busca de escolhas alimentares baseadas no cuidado real de si e suas necessidades. Este componente é equilibrado nos três programas citados.

- *Mindfulness:* as práticas formais de *mindfulness* como "*mindfulness* da respiração" são estimuladas em todo o programa, sendo essa habilidade básica para que os indivíduos possam se tornar conscientes do comer sem atenção e do comer sem fome física. Podendo assim passar a atender suas reais necessidades sem a comida. Entre os programas, o componente de *mindfulness* é mais intenso no ME-CL, seguido do MBES e, por último, no MB-EAT.

- Autonutrição: os programas de *mindful eating* têm um forte componente de autocompaixão e aceitação radical. O programa que mais contém práticas de *mindfulness* desse tipo é o MB-EAT, seguido do MBES e, em último lugar, o ME-CL. Por meio dessas práticas, os participantes vão reforçar suas habilidades inatas de cuidar de si mesmo e de suas necessidades emocionais, também sem a comida, construindo mais resiliência e felicidade e diminuindo, assim, a ansiedade e a depressão.

Interface do *Mindful Eating* e TCC

Uma vez identificadas a complexidade e a multifatorialidade que influenciam o comportamento alimentar dos indivíduos, conforme o cenário exposto até aqui, evidencia-se a importância da atuação dos diversos profissionais de saúde nas questões ligadas à melhora na qualidade da alimentação.

Indivíduos obesos que têm pelo menos quatro hábitos saudáveis (entre os seguinte: comer vegetais e frutas, ser ativo fisicamente, não fumar e não beber) igualam sua chance de morte aos indivíduos com índice de massa corpórea normal[17].

Comer com atenção plena nada mais é que notar de maneira aberta, curiosa e sem julgamento os pensamentos, sentimentos e sensações corporais relacionados com a comida e com o ato de comer. Logo, os profissionais de saúde mental podem auxiliar seus pacientes a se tornarem conscientes das distorções cognitivas envolvidas no comportamento alimentar e auxiliá-los na mudança dos comportamentos que cercam a alimentação.

APLICAÇÕES (ESTADO DA ARTE)

A autocompaixão não tem como objetivo substituir sentimentos negativos por positivos, mas sim dar espaço para a satisfação genuína com a vida, justamente por cultivar a habilidade de abraçar e dar suporte às próprias experiências. Por essas razões, a autocompaixão está associada a inteligência emocional, sabedoria e sentimentos de conectividade[18].

Pessoas mais autocompassivas experimentam mais felicidade, otimismo, curiosidade, criatividade e emoções positivas, como entusiasmo, inspiração e excitação, quando comparadas com pessoas que são autocríticas[19]. O livro *Wisdom and Compassion in Psychotherapy: Deepening mindfulness in Clinical Practice*, editado por Chris Germer, foi comentado em um artigo de Linda Carlson[20] publicado na *Psyccritiques* em 2013 chamado "Aplicando sabedoria e compaixão na terapia: duas asas de um pássaro". As evidências demonstram essa poética conjunção do *mindfulness* e da autocompaixão. A atenção plena é um elemento fundamental da autocompaixão, já que estar consciente do sofrimento e não evitar os pensamentos e emoções negativos aumenta a capacidade de ser autocompassivo.

Mindfulness amplia a consciência e cultiva a eudaimonia, contribuindo para vidas com significado e regulação das emoções, aumentando assim os níveis de saúde geral e os índices de satisfação na vida. Dessa forma, os programas de *mindfulness* têm potencial para auxiliar os mais amplos desafios na saúde, já que em qualquer período da vida tais habilidades têm potencial de trazer alívio do sofrimento e ajudar a construir uma vida valiosa[7].

VINHETA CLÍNICA

Paciente de 32 anos, mulher, solteira, ensino superior. Busca consulta médica, pois deseja emagrecimento. Conta que há três anos apresentou aumento de peso em 5% de seu peso basal e que desde então não consegue emagrecer. Refere astenia, capacidade diminuída para tomar decisões e diz que se sente sem forças para as atividades que antes davam prazer e que já teve pensamentos recorrentes de morte, sem pensamentos suicidas no momento da consulta, mas refere que os teve há cerca de um ano. Atribui as queixas ao sobrepeso e diz sentir-se "miseravelmente triste" por estar 10 quilos acima de seu peso ideal. Relata que chora fácil, não sai de casa, come exageradamente e que não consegue relacionamentos por estar 10 quilos acima de seu peso ideal. Esteve em consulta com outros médicos e nutricionistas e recebeu recomendação de dieta e exercícios. Refere que recebeu algumas prescrições de sibutramina e orlistat, sem resultados.

Discussão

Paciente se encontrava com índice de massa corporal que a classificava em sobrepeso. Os exames laboratoriais estavam em seus parâmetros normais. Dada a cultura do corpo ideal, por ter aumentado o peso, foi validada a hipótese de que seu sofrimento psíquico era devido sim aos 5% do peso que ela adquiriu há três anos no início do quadro. Na primeira consulta, paciente referiu que nunca havia sido encaminhada a psicólogo e/ou psiquiatra.

Na análise da anamnese, pode-se levantar o questionamento de que não havia sido aventada hipótese de depressão maior pelos profissionais pelos quais a paciente havia sido avaliada até então. Porém, a paciente preenchia critérios para o diagnóstico de depressão maior, que também inclui a oscilação do peso em mais ou menos 5%.

Conduta

a) Paciente foi encaminhada ao psiquiatra, que confirmou diagnóstico de depressão maior, e iniciou tratamento medicamentoso; b) Foi encaminhada também à psicoterapeuta cognitivo-comportamental; c) Foi indicado a ela a participação de programa de *mindful eating* de 12 semanas (MB-EAT).

Desfecho

A paciente foi acompanhada por 15 meses. O programa MB-EAT a auxiliou na identificação de padrões de comportamento alimentar que puderam então ser trabalhados na terapia individual. O treino da habilidade de *mindfulness* e compaixão permitiu à paciente ainda identificar as causas de seu sofrimento e construir, com auxílio da psicoterapia, tratamento medicamentoso e, junto aos profissionais, os necessários recursos para maior qualidade de vida.

LIMITAÇÕES, CONTRAINDICAÇÕES E CUIDADOS

Para garantir a qualidade de sua atuação profissional, para o profissional, mais importante que conhecer cada um desses programas, é premente adquirir a habilidade de avaliar cada uma dessas adaptações, levando em consideração segurança, eficácia e grau de evidência científica.

Além disso, é necessário que esses programas cumpram requisitos comuns a qualquer programa de *mindfulness* definido como estandardizado, ou seja, que siga regras internacionais que garantam desde a formação do profissional até a entrega e segurança na aquisição dessas habilidades pelos participantes.

A recomendação atual é que todos os programas de *mindfulness* e compaixão sigam os estândares de boas práticas que podem ser encontradas em redes como a UK Network for Mindfulness-Based Teacher Training Organisations.* A recomendação aos profissionais é indicar e utilizar práticas, programas e intervenções indicados nesse tipo de associação.

Conforme exposto, a saúde vai além da ausência da doença, e é possível perceber que as habilidades cultivadas pelos programas de *mindfulness* – como autocompaixão, aceitação, desfusão cognitiva e outros – assim como seus efeitos neuropsicoendócrinos, independentemente do programa, podem ser um auxílio precioso aos sistemas atuais de cuidado em saúde. Mesmo quando não é possível atuar diretamente na cura da doença, os programas se apresentam como complemento para a maior qualidade de vida das populações.

REFERÊNCIAS BIBLIOGRÁFICAS

1. Shonin E, Van Gordon W, Griffiths MD. Mindfulness-based interventions: towards mindful clinical integration. Front Psychol. 2013;4.
2. Frizzell DA, Hoon S, Banner DK. A phenomenological investigation of leader development and mindfulness meditation. J Soc Change. 2016;8(1):14-25.
3. Jennings PA, Brown JL, Frank JL, Doyle S, Oh Y, Davis R, et al. Impacts of the CARE for Teachers Program on teachers' social and emotional competence and classroom interactions. J Educ Psychol. 2017;109(7):1010-1028.
4. Loucks EB, Britton WB, Howe CJ, Gutman R, Gilman SE, Brewer J, et al. Associations of dispositional mindfulness with obesity and central adiposity: the New England Family Study. Int J Behav Med. 2016;23(2):224-33.
5. Geiger PJ, Boggero IA, Brake CA, Caldera CA, Combs HL, Peters JR, et al. Mindfulness-based interventions for older adults: a review of the effects on physical and emotional well-being. Mindfulness. 2016;7(2):296-307.
6. Luoma JB, Hayes SC, Walser RD. Learning ACT: an acceptance & commitment therapy skills-training manual for therapists. Oakland: New Harbinger Publications; 2007.
7. Wolkin JR. Cultivating multiple aspects of attention through mindfulness meditation accounts for psychological well-being through decreased rumination. Psychol Res Behav Manag. 2015;8:171-80.
8. Germer CK, Neff KD. Self-compassion in clinical practice. J Clin Psychol. 2013;69(8):856-67.
9. Neff KD, mcgehee P. Self-compassion and psychological resilience among adolescents and young adults. Self Identity. 2010;9(3):225-40.
10. Lim SS, Vos T, Flaxman AD, Danaei G, Shibuya K, Adair-Rohani H, et al. A comparative risk assessment of burden of disease and injury attributable to 67 risk factors and risk factor clusters in 21 regions, 1990-2010: a systematic analysis for the Global Burden of Disease Study 2010. Lancet Lond Engl. 2012;380(9859):2224-60.
11. Avey H, Matheny KB, Robbins A, Jacobson TA. Health care providers' training, perceptions, and practices regarding stress and health outcomes. J Natl Med Assoc. 2003;95(9):833, 836-45.
12. Tiggemann M, Kuring JK. The role of body objectification in disordered eating and depressed mood. Br J Clin Psychol. 2004;43(3):299-311.

---

* Disponível em: https://www.ukmindfulnessnetwork.co.uk/

13. Neumark-Sztainer D, Wall M, Larson NI, Eisenberg ME, Loth K. Dieting and disordered eating behaviors from adolescence to young adulthood: findings from a 10-year longitudinal study. J Am Diet Assoc. 2011;111(7):1004-11.

14. Torstveit MK, Aagedal-Mortensen K, Stea TH. More than half of high school students report disordered eating: a cross sectional study among Norwegian boys and girls. Plos One. 2015;10(3):e0122681.

15. Miller CK, Kristeller JL, Headings A, Nagaraja H. Comparison of a mindful eating intervention to a diabetes self-management intervention among adults with type 2 diabetes: a randomized controlled trial. Health Educ Behav Off Publ Soc Public Health Educ. 2014;41(2):145-54.

16. Bush HE, Rossy L, Mintz LB, Schopp L. Eat for Life: a work site feasibility study of a novel mindfulness-based intuitive eating intervention. Am J Health Promot. 2014;28(6):380-8.

17. Matheson EM, King DE, Everett CJ. Healthy lifestyle habits and mortality in overweight and obese individuals. J Am Board Fam Med JABFM. 2012;25(1):9-15.

18. Neff KD. Self-compassion. New York: William Morrow; 2011.

19. Galante J, Galante I, Bekkers M-J, Gallacher J. Effect of kindness-based meditation on health and well-being: a systematic review and meta-analysis. J Consult Clin Psychol. 2014;82(6):1101-14.

20. Carlson LE. Applying wisdom and compassion in therapy: two wings of a bird. Psyccritiques. 2013;58(4).

SEÇÃO III

Mindfulness e
terapia cognitivo-comportamental

Adaptando terapia cognitivo-comportamental e *mindfulness* no Brasil

Isabel C. Weiss de Souza

> Se você tem apenas um martelo,
> todos os seus problemas se
> parecerão com um prego.
> *Abraham Maslow*

A EXPERIÊNCIA NA SAÚDE PÚBLICA

Neste capítulo será apresentada parte de minha história profissional, que começou em 1992, na cidade de Juiz de Fora (MG), quando, recém-formada em Psicologia, prestei um concurso público para a prefeitura da cidade. Naquela época, concursos públicos eram escassos e havia cerca de 15 anos que eles não ocorriam na cidade.

O estágio no Hospital Universitário (HU) da Universidade Federal de Juiz de Fora (UFJF), um pouco antes de me formar, me despertou o interesse para a atuação no setor público de saúde. Esperava uma vaga de estágio na pediatria do hospital, mas esta era muito disputada e me foi oferecida a oportunidade de estagiar na enfermaria de aids. Era 1990 e, ainda, não havia uma estrutura muito favorável na atenção aos doentes; na enfermaria, somente casos gravíssimos e uma equipe que se dedicava na atenção e cuidados àqueles pacientes. Naquele tempo, apresentavam aquela aparência estereotipada, que contribuía ainda mais para o preconceito e o estigma, além da escassez de recursos. O sofrimento era intenso.

Junto à Profa. Lúcia Brito, do HU da UFJF, aceitei o desafio, pois sua experiência no contexto hospitalar era grande e seu carisma era conhecido entre todos os estudantes de Psicologia e Medicina. Foram dias muito difíceis, a sensação era de impotência, apesar de toda a bagagem técnica de uma aluna de 8º período. Era como se nada que eu havia aprendido se aplicasse ali. Precisava servir de apoio, de escuta e no que mais pudesse servir àqueles doentes.

Enfrentei meu desconhecimento e minhas barreiras pessoais, e a seguinte pergunta pairava sempre no ar: "Como posso aplicar meus conhecimentos aqui? Como posso ajudar?"

Algumas vezes, após ter passado dois dias em um leito e, ao chegar para a abordagem, no terceiro dia a informação era que o paciente havia falecido. Aquela formação acadêmica totalmente de base psicanalítica me ajudava demais na escuta, apesar do sentimento quase permanente de impotência. Digo quase, porque algumas vezes ouvia "Obrigado por me ouvir" ou "Fico aguardando pelo dia de conversarmos", e isso preenchia meu coração.

Eu, que durante a faculdade imaginava me tornar uma psicanalista de consultório particular, de repente me vi encantada com aquela realidade da saúde pública, com todas as dificuldades, desafios e carências, mas ao mesmo tempo um ambiente de muita aprendizagem e que proporcionava um sentimento forte de ser útil ao outro.

Ao me formar, diante daquela sensação de incerteza, conversando com a Profa. Lúcia Brito, de quem me tornei amiga, escutei: "Deve surgir concurso na prefeitura nos próximos meses... Prepare-se, Bel".

O concurso aconteceu em 1992. Dediquei-me muito aos estudos, pois eram somente uma vaga para ingresso imediato e mais três para uma espécie de fila de espera, embora todas tenham sido ocupadas de imediato. Fui bem-sucedida e aprovada em primeiro lugar nas provas, passando para um segundo lugar após a análise de currículos. Quinze pontos à frente do segundo candidato nas provas me asseguraram a entrada, pois o concurso realmente foi muito disputado na época, com candidatos muito bem preparados e experientes.

Conto esta história para dizer de meu esforço e de minha tristeza inicial ao ser convocada. Na reunião na Secretaria de Saúde, para onde fui designada, informaram-me sobre a criação dos Programas Especializados em Saúde Mental no município, atendendo ao Plano Municipal de Saúde Mental que estava sendo implementado, e que eu seria direcionada ao Programa de Atenção à Dependência Química (PADQ), onde seria a única psicóloga de uma equipe multidisciplinar.

O sentimento? Frustração, tristeza e desilusão, afinal o esforço havia sido grande, a expectativa maior ainda, e o total despreparo para atuar com dependentes químicos me fez pensar que não teria valido a pena.

Essa reunião que mencionei aconteceu com alguém que foi um marco em minha vida profissional e eu viria a reconhecer isso alguns anos depois. Dr. Antônio Jorge Marques, psiquiatra recém-chegado de São Paulo para Juiz de Fora, então coordenador da Saúde Mental no município. Resolvi expor-lhe minha desorientação e frustração. Em uma conversa boa, franca e muito enriquecedora e acolhedora, ele me disse algo que contribuiu muito em minha trajetória: "Não se preocupe, Isabel, eu te colocarei em contato com os melhores profissionais desta área do país".

Começava, ali, a minha trajetória na área das dependências químicas. O apoio de Antônio Jorge foi essencial. Sua bagagem técnica, sua ampla rede de contatos no país, seu envolvimento com a temática da Saúde Pública (até hoje reconhecidos) e, principalmente, sua inteligência, fizeram que eu me sentisse confiante. Em poucos meses, eu já me sentia completamente inserida em uma equipe forte de trabalho, de implementação não somente do PADQ (que alguns anos depois foi credenciado como CAPS-Ad), mas do Departamento de Saúde Mental e dos Programas Especiais em Saúde Mental (Proesam), incluindo aí o CAPS Casa Viva (para pacientes psicóticos, na época).

Um contexto de muito trabalho, numa perspectiva de mudança de paradigmas na Saúde Mental, que vinha de um longo histórico de hospitalização, maus-tratos, preconceitos e ausência de políticas públicas, partindo para implementação de serviços substitutivos de qualidade e embasados em evidências, reestruturando a assistência psiquiátrica, pensando nos direitos das pessoas portadoras de transtornos mentais.

Tudo isso era muito recente. O Projeto de Lei do deputado Paulo Delgado, que propunha a regulamentação dos direitos da pessoa com transtornos mentais e a extinção progressiva dos manicômios, era de 1989. E havia a criação do SUS, com a Constituição de 1988. Todo esse cenário encheu de energia a equipe, que passou a militar na Saúde Mental no município e abraçou a causa. Seria impossível dizer sobre os desdobramentos desse trabalho nos últimos 30 anos, mas vou me reservar à minha trajetória no período a fim de tentar embasar minha atuação clínica numa perspectiva transdiagnóstica, que é o que eu imagino que o leitor queira de fato saber.

A TERAPIA COGNITIVO-COMPORTAMENTAL (TCC)

Alguns meses depois de meu ingresso na prefeitura, quando a equipe ainda se preparava para a montagem dos novos serviços, em uma nova reunião com o Dr. Antônio Jorge Marques, na Secretaria de Saúde, mais um desafio. Confessei a ele sobre meu despreparo para trabalhar com dependentes químicos (DQ, como chamávamos à época), afinal de contas eu só havia "estudado" sobre alcoolismo na faculdade por um período e o estágio a respeito ocorreu no pior manicômio da cidade, naquele triste cenário já muito bem descrito pela jornalista Daniela Arbex: "pacientes tinham as cabeças raspadas, andavam nus, passavam fome. Bebiam água do esgoto e comiam ratos e eram submetidos a sessões de eletrochoque não com o objetivo de tratamento, mas como punição ou forma de conter os ânimos"[1].

Os dependentes químicos, naquela época, eram internados juntamente com os pacientes com transtornos mentais graves e recebiam os mesmos maus-tratos. Plano terapêutico? Não se ouvia falar disso! Então, escutei do coordenador: "Esquece a Psicanálise! Você precisa estudar TCC com os colegas em SP! Na DQ é o que funciona melhor." Como me senti? Perdida e sem minhas referências.

A base de nossas escolhas está na confiança que sentimos em nossos pares. Não tenho dúvidas disso. Devo aqui reservar alguns créditos também à minha querida psicanalista Profa. Rita Mota Rocha. Minha professora na faculdade, minha supervisora nos estágios e minha analista por muitos anos. Após terminar a faculdade, eu havia me inserido em uma Especialização em Psicanálise e foi ela, novamente, minha orientadora do Trabalho de Conclusão de Curso. Certo dia, ela me perguntou se eu não gostaria de apresentar o trabalho em um seminário que os professores da faculdade estavam organizando, e elogiou muito meu trabalho. O tema era: "Dependência química: uma questão perversa?" (superpsicanalítico!). Eu iria compor a mesa com alguns deles, todos psicanalistas muito experientes e competentes. Imediatamente neguei o convite, claro, pois me senti muito amedrontada. Minha reação foi ignorada por ela.

Algumas semanas depois, enquanto tomava um café com colegas no PADQ, deparei-me com um cartaz fixado no quadro de avisos, anunciando o Seminário e lá constava minha palestra. Nunca vou me esquecer da sensação: susto, medo, orgulho, admiração pela Rita Mota Rocha, que foi quem me colocou, então, na "roda viva" da vida acadêmica, simultaneamente ao trabalho clínico, desde aquele período.

Nossa equipe, sob a orientação de Antônio Jorge, organiza então na cidade um superevento na área da DQ. Foi um Curso de Atualização em DQ, que durou 6 meses, quando quinzenalmente vinham à cidade os maiores especialistas na área de drogas do país. Os professores eram da Associação Brasileia de Estudos do Álcool e outras Drogas (Abead) e vinham de vários estados brasileiros. Eram autores de livros, pesquisadores de grandes universidades, clínicos muito experientes, e a experiência de estar na organização do curso junto aos meus colegas me colocou direto em contato com todos os professores, o que trouxe mais um diferencial à minha trajetória. Pude constatar que já havia, sim, muita tecnologia de ponta disponível para o tratamento das dependências químicas. O astral animado dos professores, a bagagem das quais dispunham e seus altos níveis de preparo me fizeram acreditar que seria possível.

Naquela oportunidade conhecemos Dr. Ângelo Campana, do Rio Grande do Sul, então presidente da Abead. Ele se tornou supervisor clínico da equipe do PADQ e, durante um ano e meio, veio a Juiz de Fora, mensalmente, para nos dar supervisão, custeado pela prefeitura, que investia muito na Saúde Mental na época. Foi com ele que tive os primeiros contatos com a TCC.

Entre tantas coisas importantes e definitivas que aprendi com Dr. Ângelo, uma foi muito marcante. Ainda com uma postura muito psicanalítica de reserva e imparcialidade, fui encorajada por ele a me aproximar: "Isabel, na TCC o terapeuta, ao encontrar o paciente no estacionamento, pode lhe oferecer uma carona, ok? (brincou)." Marcante, porque aquela imagem que imediatamente projetei em minha mente é facilmente acessada por mim até hoje. Naquele momento, instaurou-se em mim a possibilidade de uma postura mais horizontalizada e humanizada, embora ainda longe de ser o que irei descrever aqui, ao longo da terceira parte deste livro.

Dr. Ângelo certa vez me disse: "Preciso te apresentar a uma menina de SP que é excelente... De repente você passa a fazer supervisão com ela." As vindas dele à cidade estavam se encerrando e eu, como única psicóloga da equipe, precisava continuar me capacitando na TCC. Era início da década de 1990, e não havia cursos de TCC disponíveis. Eis que conheço Dra. Eroy Silva, psicóloga e pesquisadora da Unidade de Dependência de Drogas (Uded), da Universidade Federal de São Paulo (Unifesp).

A menina a que ele se referia era uma mulher com seus quase quarenta anos, mas eu logo entendi o porquê de ele se referir a ela dessa maneira. Contagiante, alegre, curiosa, criativa, inquieta. Esta é Eroy! Amiga do coração, corresponsável pela terapeuta de TCC que me tornei. Dela registro aqui a seguinte fala em uma de nossas supervisões (eu saía de Juiz de Fora pela manhã e fazia um bate-volta, como ela sempre dizia): "Bel, não se prenda aos manuais da TCC. Você se identifica com a Judith Beck? Você dará o seu tom pessoal à sua conduta." Naquele momento, não entendi muito bem como seria isso, mas a fala dela me fez sentir mais à vontade dentro de um protocolo que me parecia rígido, quadrado e manualizado.

A partir daí, selei minha amizade com a TCC e com muitos colegas que conheci no caminho. Muitos amigos, muita gente de um nível de preparo e generosidade absurdos! E um deles é o responsável por eu estar escrevendo este livro: Dr. Cristiano Nabuco de Abreu, da Universidade de São Paulo (USP), conforme mencionado na seção de agradecimentos deste livro. Cristiano foi um dos pioneiros da TCC no país e, em 1996, juntamente com Raphael Cangelli Filho (com quem pude fazer terapia na linha da TCC anos depois) e Ricardo Franklin Ferreira, fundou a Associação Brasileira de Terapias Cognitivas Construtivistas (ABTCC), a primeira associação da área no país.[2]

Foram cursos e mais cursos, até surgir a Especialização em Terapias Cognitivas na USP, no Ambulim, onde Cristiano era professor e foi meu orientador;

ali me formei no início dos anos 2000, com uma abordagem já mais construtivista da terapia cognitiva (TC).

Quase que simultaneamente, surgiu a Especialização em Dependência Química e outros Transtornos Compulsivos da Universidade Estácio de Sá, no Rio de Janeiro. E eu ficava neste eixo SP-RJ-JF, buscando uma formação de excelência. O tema do meu TCC na Estácio já foi "A técnica cognitivo-comportamental na mudança de comportamento do paciente dependente de substâncias psicoativas", tornando-se minha primeira apresentação em congresso da área, "Seminário Internacional sobre as Toxicomanias", no ano 2000, no Hotel Glória, no Rio, promovido pelo Núcleo de Estudos e Pesquisas em Atenção ao Uso de Drogas da UERJ (Nepad). De lá para cá, foram mais de 80 apresentações em congressos nacionais e internacionais, dentro e fora do Brasil, na temática TCC e DQ.

Na TCC, é bastante comum que, além de clínico, o terapeuta seja também um pesquisador. O modelo estruturado da TCC, com interfaces entre a psiquiatria, neurociências, outras abordagens da psicologia e fundamentos na psicologia cognitiva experimental, voltado para a resolução de problemas com objetividade e eficiência, com possibilidade de validação científica de suas ferramentas e resultados psicoterápicos, favorece e estimula essa atuação de clínico/pesquisador. Esta reflexão sobre a TCC que apresento aqui foi publicada na *Revista Brasileira de Terapias Cognitivas*, em 2010, como um trabalho de conclusão de curso, por minha aluna de Psicologia e orientanda Carolina Cândido, da UFJF, onde atuei como professora substituta, lecionando TCC. A docência nessa época foi outra experiência determinante em minha carreira, pois além de ter conhecido muita gente querida até hoje, foi meu primeiro contato formal com a pesquisa. Foram menos de dois anos na UFJF, com um saldo de ter sido professora homenageada em todas as turmas que lecionei, incluindo uma em que lecionei apenas no 1º período e pela qual fui procurada cinco anos depois, quando já não estava na instituição.

Enquanto isso, o trabalho com a DQ no PADQ seguia a todo vapor. Assumi a coordenação do programa de 1995 a 1999, e dos programas do Proesam de 1997 a 1999. Meu envolvimento profissional e pessoal com a área era indiscutível e inegável.

A TCC, então, se tornou não somente minha linha de trabalho, mas também de vida. Eroy, certa vez em 1996, veio a Juiz de Fora para dar aula no Curso de Atualização em DQ promovido pela prefeitura e que mencionei anteriormente, e eu não pude recebê-la no aeroporto conforme havia sido combinado. Meu filho era bebê e estava doente. Telefonei para ela expressando meu constrangimento ao pedir que pegasse um táxi até o hotel (coisa de mineiro!), no que ela me disse: "Bel, sejamos cognitivas!" Mais uma vez aquela ideia circulou em minha mente, até que pude compreender do que se tratava, com o tempo. "É o que tem pra hoje!" Tanto a TCC quanto o *mindfulness* têm essa face, entre tantas outras interfaces (algumas exploradas nos outros capítulos deste livro). Não preciso reagir ao que penso, posso (e talvez deva!) me pautar pela realidade, principalmente naquilo que não está sob meu controle.

Levar a TCC para a vida, no caso do terapeuta, é um exercício que se dá principalmente por meio da sua terapia pessoal. Anos de psicanálise me levaram até ali e formaram em mim uma base sólida. Entre tantos cursos que fiz, um deles foi de terapia breve, com a Dra. Vera Lemgruber na Santa Casa do Rio de Janeiro. Na entrevista de admissão, fui questionada sobre minha terapia pessoal. Fiquei com receio de dizer que fazia análise lacaniana e não ser admitida. Em Juiz de Fora não havia terapeutas cognitivos naquele período (não havia internet também, lembre-se disso, leitor!). Fui positivamente surpreendida: "Que ótimo que é Lacan! O tempo lógico é uma ferramenta preciosa para ensinar aos terapeutas sobre o *timing* na terapia."

> "Se você tem apenas um martelo, todos os seus problemas se parecerão com um prego."
>
> *Abraham Maslow*[3]

Flexibilidade e ecletismo na abordagem são sinais importantes do tempo na vida de um terapeuta[3]. Nos tornamos a soma de tudo que vai fazendo sentido para nós à luz da teoria e da vida e não há uma linha que demarque a abordagem teórica que o terapeuta adote, com o passar do tempo.

Recentemente tomei ciência de um comentário de um colega superjovem, recém-formado, que disse que o que eu disponibilizava nos grupos de *mindfulness* não seria *mindfulness*. Confesso que me senti incomodada, principalmente porque não veio direto a mim, pois daí seria uma ótima oportunidade de discutirmos o assunto. Mas, refletindo um pouco sobre isso depois, pude ver que quase 30 anos de clínica (e 50 anos de vida) me fizeram hoje disponibilizar tanto TCC quanto *mindfulness* de uma maneira muito personalizada, soma de todas as influências apresentadas neste capítulo, e muitas mais não descritas neste livro. Ninguém realmente conseguirá trilhar o meu caminho.

Certa vez, meu amigo, psiquiatra e escritor Dr. Carlos Reche, que atua na cidade mineira de Divinópolis, me disse em supervisão: "A TCC, assim como qualquer linha de terapia, é uma trilha e não um trilho." Outra intervenção que me marcou e me flexibilizou em relação à abordagem. Retornarei a esta importante reflexão quando formos falar da abordagem transdiagnóstica e transepistemológica. O fato é que as adaptações do modelo importado de outros países não somente são fundamentais, como inevitáveis e confortáveis a ambos, terapeuta e paciente.

Naquela época fundei em Juiz de Fora o Núcleo de Terapias Cognitivas de Juiz de Fora (NTC); era o início dos anos 2000 e lá eu exercia a clínica privada com pacientes compulsivos, com depressão e ansiedade, essencialmente. Montava grupos de supervisão que eram orientados por mim e por colegas vindos de São Paulo, Rio de Janeiro e Belo Horizonte. Em seguida, organizei os primeiros cursos de TCC na cidade e região, começando por *Jornadas* e seguindo para a Formação em TCC, que aconteceram pelo NTC, porém em um hospital da rede privada na cidade: o Hospital Monte Sinai. Organizei ali uma equipe multidisciplinar, facilitada pela presença da querida amiga Dra. Carla Caffini, clínica geral do CAPS-Ad e médica atuante naquele hospital, o Gead (Grupo Especializado em Álcool e outras Drogas), para intervenção breve na prevenção ao uso abusivo de tabaco, álcool e outras drogas, entre os pacientes internados. Criamos um protocolo de atendimento envolvendo a equipe de enfermagem, que fazia a triagem e agendava a nossa visita ao leito daqueles que apresentavam comorbidades clínicas associadas ao uso de alguma dessas substâncias. Além do atendimento médico (clínico e psiquiátrico), o paciente recebia algumas intervenções que o levavam a repensar o comportamento de uso da substância, sentindo-se livre para escolher entre receber ou não um tratamento especializado ao sair do hospital. Foi uma experiência muito rica, mais uma vez adaptando saberes ao contexto.

ADAPTANDO PROTOCOLOS

Minha primeira experiência com a adaptação de um protocolo propriamente dito (norte-americano) em TCC aconteceu no SUS. Naquele Curso de Atualização em DQ, que organizamos pela Prefeitura de Juiz de Fora, veio palestrar, entre tantos profissionais de renome, o Dr. Paulo Knapp, psiquiatra do Rio Grande do Sul, membro fundador e primeiro presidente da Federação Brasileira de Terapias Cognitivas (FBTC), com quem tive a honra de compor a mesa sobre a história da TCC no Brasil, vinte anos depois, no World Congress on Brain, Behavior and Emotions 2017, em Porto Alegre (RS).

Entre buscá-lo no aeroporto, almoços e jantares (além de uma ida ao famoso Bar do Bigode para que ele pudesse experimentar o melhor torresmo do Brasil!), contei ao Dr. Paulo que estava utilizando com meus pacientes do SUS o *Manual de prevenção de recaída*, escrito por ele e Bertolote[4], recém-lançado àquela época. Gentilmente, ele permitiu que eu realizasse a adaptação do manual para meus pacientes, boa parte deles com severas dificuldades em leitura, interpretação e escrita. E assim foi feito e aprovado por ele.

Foram quase 17 anos em atendimentos a pacientes dependentes químicos entre PADQ e CAPS-Ad (após credenciamento). Mais de 2.000 pacientes atendidos, entre triagens, grupos de prevenção de recaída (PR) e atendimentos individuais nos 17 anos de atividade, sempre me utilizando do manual, além de outras ferramentas da TCC que foram sendo adaptadas ao contexto.

Grande parte desta minha vivência com a TCC no SUS acabei apresentando no 6th World Congress of Behavioral and Cognitive Therapies: Translating Science into Practice, na Universidade de Boston, nos Estados Unidos, em 2010. Compus uma mesa-redonda com colegas da África, China, Índia e Paquistão, falando da experiência da TCC nas consideradas *non-western cultures*. Dr. Farooq Naeem (pesquisador paquistanês, atualmente professor na Universidade de Toronto) foi o moderador da mesa e nos propôs, em seguida, registrarmos essa experiência histórica em livro. E assim foi feito: publicado em 2010 pela Nova Science Publishers, nos Estados Unidos.* Lá descrevo como foi essa adaptação, em termos de linguagem, em termos contextuais (um dos inventários, no original, propunha ao paciente pensar como se sentia em "viagens aéreas", por exemplo) e no que se refere ao que observei que fazia sentido aos pacientes em geral, ou não.

Eis um caso emblemático, apenas para o leitor compreender rapidamente sobre essa adaptação: paciente de 50 anos, alcoolista grave, casado, três filhos, morador da periferia, desempregado, analfabeto. Foi encaminhado ao CAPS-Ad, ainda bebia cerca de 1 litro e meio de cachaça/dia, com muitos problemas de saúde, familiares, sociais, relacionados ao consumo de mais de três décadas. Em nossa reunião de triagem da equipe, discutimos o caso e resolvemos que ele seria encaminhado à TCC, além dos atendimentos médicos com psiquiatra, clínico geral e assistente social.

Após alguns meses em tratamento, o paciente conseguiu se abster e foi encaminhado ao grupo de PR, também coordenado por mim. Após alguns meses abstinente, começando a resgatar a confiança da família, conseguiu um trabalho e seguia bem. Até que numa sessão de TCC, chegou cabisbaixo e me disse que havia recaído. Retomamos a compreensão da diferença entre lapso e recaída (abordada neste livro, Parte II, Cap. 6) e vimos juntos que, na verdade, era um lapso, ele não retornara a padrões anteriores. Perguntei: "Mas o que você acha que aconteceu? Me conte!" Ao que ele respondeu: "Foi por causa do cachorro do vizinho!" Pareceu uma brincadeira, mas depois ele explicou que se tratava do Pitbull do vizinho, que sempre deixava o portão de casa aberto e o cachorro fugia constantemente, aterrorizando a vizinhança.

---

* Naeem F, Kingdon D, editores. Cognitive behaviour therapy in non western cultures. (2012) Nova Science Publishers, Inc. New York.

Por meio dessa experiência, pudemos resgatar o círculo vicioso da recaída, no qual após ver o cachorro entrando em sua casa, o paciente sentiu medo, revolta, desrespeito, entre outros sentimentos. Pensou: "Este vizinho não me respeita!" Diante do sentimento de impotência gerado mais uma vez pela situação, decide sair de casa para beber. Perguntei o que ele já havia feito a respeito, e ele responde que não havia feito nada, pois na vez que tentou conversar com o vizinho ambos estavam alterados pela bebida e gerou-se uma briga. Daí ele evitava o "confronto", nas palavras dele. Desenhamos a espiral da recaída, resgatando juntos cada etapa: gatilho, pensamentos associados, sentimentos, comportamento de evitação e fuga, busca de alívio pelo álcool (recompensa), sentimento de impotência, assim como culpa, vergonha após beber, que retroalimentavam a espiral e normalmente o mantinham bebendo (esse assunto foi explorado na Parte II do livro, no Capítulo 6).

Parabenizei o paciente por ter vindo ao CAPS-Ad naquele dia compartilhar comigo a sua experiência e sua disposição em sair da espiral. Conversamos sobre que tipo de atitude ele acha que poderia trazer uma solução para aquele problema recorrente do cachorro. Ele me respondeu que uma conversa talvez pudesse ajudar o vizinho a entender seus sentimentos e a necessidade de manter o portão fechado, agregando que tal conversa precisaria acontecer com ele em estado sóbrio, para que pudesse ter credibilidade, melhor condição de argumentação e maior controle de seus impulsos. Além disso, escolher o melhor momento, pois encontrar o vizinho sóbrio talvez fosse o melhor cenário.

O paciente não somente procurou corresponder ao que combinamos, como chamou alguns outros vizinhos que também se sentiam ameaçados. Conversaram todos e decidiram que aquela situação não poderia continuar. Ele e mais um representante do bairro foram até a casa do vizinho, após marcarem, e levaram a situação. Foram compreendidos por ele e, numa conversa amigável, conseguiram resolver a situação. Sentimento: autoeficácia ("Sou capaz de resolver meus desafios e atuar a favor de mim e do que é melhor para todos"). O que fortalece a pessoa e permite que lide com suas emoções sem se esquivar, identificando qual sua real necessidade na situação, não se utilizando mais da bebida como refúgio, ao longo do tempo, e desenvolvendo outras habilidades no enfrentamento das situações.

Foram muitas histórias ao longo daqueles anos, mas deixo esta aqui na tentativa de elucidar um pouco sobre o que falávamos da TCC no contexto do SUS naquele período.

A EXPERIÊNCIA DE PESQUISA EM TCC E *MINDFULNESS*

Naturalmente, fui me direcionando para a área acadêmica. Minha primeira experiência se deu na Universidade Salgado de Oliveira, como professora da graduação em 2004, convidada a lecionar Psicologia na faculdade de Fisioterapia pela minha querida e competente professora de pilates, doutora em Fisioterapia, Dra. Elizabete Santanna. Professora desde os 18 anos de idade no Ensino Fundamental (até me formar na faculdade), aquela experiência me fez reconhecer o quanto a sala de aula era importante para mim.

Resolvi fazer o mestrado. Em 2008, após ser aprovada no mestrado em Saúde Coletiva da UFJF, enfrentei a indisposição do Departamento de Saúde Mental em me liberar. Havia sido informada de que havia uma porcentagem relativa a cada categoria profissional para que pudesse sair de licença para pós-graduação.

Fui à Secretaria de Administração da prefeitura e lá me informaram que não havia psicólogos de licença no momento, portanto provavelmente seria liberada. Entrei com a burocracia. Recebi um não. Estávamos vivendo uma crise no setor de Saúde do município, que culminou com sérios desdobramentos jurídicos envolvendo cargos de alto escalão na Prefeitura naquele período. Tudo isso serviu de barreira para que eu saísse para o Mestrado e me obrigou a seguir novos rumos. Precisava optar: seguir meus estudos ou estagnar.

Optei por me exonerar depois de quase 17 anos de trabalho no SUS, em CAPS-Ad. Paradoxal: para me especializar em Saúde Pública, precisei me exonerar do trabalho de 17 anos na saúde pública, e anos de extrema dedicação! Mas depois compreendi que um novo caminho me aguardava.

Durante minha experiência como substituta na UFJF, que praticamente emendou com o mestrado, participei do grupo de pesquisa a que me referi anteriormente: o Polo de Pesquisa em Saúde (POPS), que depois passou a se chamar Crepeia (Centro de Pesquisa, Intervenção e Avaliação em Álcool e Outras Drogas). Deixei o cargo de substituta para fazer o mestrado, mas continuei com as pesquisas no POPS, envolvida nos treinamentos de profissionais de saúde da Atenção Primária à Saúde (APS) no tocante a treinamento de profissionais de saúde em municípios de pequeno porte da Zona da Mata Mineira (até 100.000 habitantes), para atuarem na prevenção do uso abusivo de álcool e outras drogas em sua rotina de trabalho.

Essa atuação era parte de um grande projeto guarda-chuva coordenado pelo Prof. Dr. Telmo Ronzani, denominado "Disseminação de Práticas de Prevenção ao Uso de Risco de Álcool em Serviços de APS da Zona da Mata Mineira". Financiado pelo CNPq (Edital MCT/cnpq/MS-SCTIE-DECT 23/2006 – Estudo de Gestão em Saúde). Prof. Telmo era um velho conhecido, pois havia estagiado conosco no CAPS-Ad em sua época de estudante de Psicologia da UFJF. Tornou-se meu orientador do mestrado e foi com quem iniciei em pesquisas.

A pesquisa do mestrado está publicada e lá consta nossa experiência de disponibilizar treinamento de base cognitivo-comportamental aos profissionais de saúde, em sintonia com o que vinha sendo proposto pelo Ministério da Saúde que publicou a Portaria GM/MS n. 816, de 30 de abril de 2002, em 3 de maio do mesmo ano, e a Portaria SAS/MS n. 305, de 30 de abril de 2002, estabelecendo as diretrizes para a política de álcool e outras drogas, propondo um conjunto de ações sistemáticas relativas ao tratamento e prevenção no campo de álcool e outras drogas[5].

A ferramenta que oferecíamos aos profissionais para atuarem na prevenção primária e secundária era a Intervenção Breve (IB), cujo foco é a mudança de comportamento do paciente, buscando encorajá-lo a reduzir ou deixar de consumir, mediante estratégias baseadas em princípios da entrevista motivacional e na abordagem cognitivo-comportamental (ACC). Essa ferramenta contém tempo limitado e pode ser aplicada por profissionais de saúde de formações variadas[5].

Nossa pesquisa comparou três grupos: um que recebeu 90 horas de treinamento *on-line* pelo curso Supera, oferecido pela Secretaria Nacional de Políticas sobre Drogas (Senad); outro que recebeu o nosso treinamento presencial de 8 horas para atuarem na detecção e prevenção do problema e nosso acompanhamento por 6 meses; e um terceiro grupo que nunca havia recebido nenhum treinamento na área[5].

Os resultados dessa pesquisa estão publicados[5]. Sugiro a leitura, mas o que gostaria de destacar aqui é que, apesar do grande envolvimento da Organização Mundial de Saúde (OMS) nesses projetos de prevenção, dos recursos envolvidos na capacitação pelo Ministério da Saúde, das evidências científicas dos benefícios de treinamentos em IB e de a APS ser considerada como o local privilegiado para se trabalhar prevenção, nenhum dos grupos implementou o que foi estudado. Álcool e drogas continuam sendo compreendidos por muitos deles como algo da esfera moral e, apesar de se tratar de um dos mais graves problemas de saúde pública, pouco ou quase nada se investe em educação continuada, que é o que poderia dar suporte aos profissionais na adoção de novas tecnologias em saúde baseadas em evidências, setor em que optei por investir nas pesquisas[5].

Em 2009, um pouco antes de finalizar o mestrado, durante a 7ª edição do Congresso Brasileiro de Terapias Cognitivas realizado na cidade de Maceió e promovido pela FBTC, na conferência de encerramento que tratou do tema Psicologia Positiva, o palestrante abordou, entre outras coisas, sobre *mindfulness*. Seria a primeira vez que eu ouvia sobre o assunto, e a abordagem foi muito rasteira. Mas chamou minha atenção. Pensei que seria interessante, talvez, para comportamentos compulsivos.

Iniciei a leitura a respeito. Não havia praticamente nada no país naquele período. Mas, de posse de um dos livros sobre Psicologia Positiva que havia sido citado, entrei em contato com a revisora técnica da obra, da USP, perguntando se ela saberia de alguém no Brasil que já atuasse no campo da ciência com meditação. Ela me direcionou para o e-mail da Dra. Elisa Harumi Kozasa, na época pesquisadora na Unifesp. Elisa prontamente me respondeu e começamos a conversar; compartilhei com ela meu interesse na área e logo marcamos um encontro em São Paulo.

Um divisor de águas em minha experiência com pesquisa é como descrevo a minha convivência com esta bióloga neurocientista, hoje colaboradora do Hospital Israelita Albert Einstein em São Paulo, *fellow* do Mind and Life Institute[*] (onde pude estar com ela por duas vezes no International Symposium for Contemplative Studies – ISCS, nos Estados Unidos, para apresentações de resultados de nossas pesquisas). São 10 anos de amizade e de uma convivência que me mantém alinhada com o campo da pesquisa, que é tão desafiador, talvez em função de seu jeito ao mesmo tempo leve, fiel, alegre e generoso.

O Instituto Mind & Life tornou-se mais do que apenas um líder no campo da ciência contemplativa; tornou-se uma incubadora para descoberta em todos os campos que essa nova ciência toca. É uma instituição sem fins lucrativos dedicada a construir uma compreensão científica da mente para reduzir o sofrimento e promover o bem-estar.

Após os primeiros contatos com Elisa, que me orientou em leituras e me convidou para um primeiro retiro de meditação no interior de SP (falarei dos retiros mais adiante), uma busca na internet me levou aonde eu não poderia imaginar. Rapidamente identifiquei que já havia vários programas baseados em *mindfulness* sendo pesquisados em grandes universidades do mundo: Canadá, Estados Unidos, Inglaterra. E que Alan Marlatt, juntamente com Sarah Bowen e colaboradores, na Universidade de Washington, no Addictive Behaviors Research Center, em Seattle nos Estados Unidos, aquele do qual tanto falamos no Capítulo 6 da Parte II deste livro, já havia desenvolvido o MBRP[**].

Esta história também vale muito a pena ser contada. Um congresso internacional promovido pelo International Network on Brief Interventions for Alcohol and other Drugs (INEBRIA), na USP de Ribeirão Preto, em 2008, me colocou em contato com um pesquisador canadense, Dr. Trevor van Mierlo, que também atuava com intervenções breves na área de drogas e estava desenvolvendo uma plataforma *on-line* para atuar em prevenção. Ele precisava de alguém que traduzisse algumas escalas para a língua portuguesa, e eu me ofe-

---

[*]   Disponível em: https://www.mindandlife.org/mission/
[**] Ver Parte II, Capítulo 6.

reci voluntariamente; convidei Telmo Ronzani (na época meu orientador do mestrado) para colaborar, e assim fizemos.

Alguns meses depois, Trevor me escreve pedindo licença para divulgar meu nome como coautora da tradução e solicita-me uma foto, para expor em um congresso na Dinamarca. E quem estava na plateia assistindo à conferência? Profa. Dra. Bia Carlini, brasileira, pesquisadora pertencente a uma família de pesquisadores brasileiros de renome da Unifesp, na área de drogas. Bia mora nos Estados Unidos e, ao ouvir falar desses brasileiros, resolveu procurar por Trevor no evento para buscar por nosso contato.

De posse de meu e-mail, Bia me escreve. Não nos conhecíamos até ali. Resolvemos marcar uma reunião via *skype*. Na conversa, que foi longa, ela me perguntou sobre o meu mestrado e se eu pretendia continuar as pesquisas. Eu disse que sim, mas que estava lendo sobre uma ferramenta que estava me interessando, *mindfulness*, porém ainda era cedo para decidir. Faltavam alguns meses para eu terminar o mestrado. Bia dá um sorriso e diz: "Vem para os Estados Unidos, que vou te apresentar meu ex-marido." Eu sorri de volta, mas não entendi absolutamente nada. Foi quando ela me falou que havia sido casada com Alan Marlatt e tinham uma boa relação de amizade.

Voei para lá. Conhecemos o Addictive Behaviors Research Center e passamos o dia com Marlatt. Fui apresentada ao famoso Behavioral Alcohol Research Laboratory (BARLAB) pelo próprio Marlatt, onde durante mais de 30 anos ele desenvolveu pesquisas em Prevenção de Recaída (PR), elaborou todos os conceitos que eu havia estudado a vida inteira e que foram implementados pelo mundo todo.* Como me senti? Feliz, grata e privilegiada, mas somente algum tempo depois pude entender realmente o sentido de tudo aquilo, sintonia perfeita com meus objetivos e mais uma vez a gentileza humana favorecendo. Sou muito grata à querida Bia Carlini!

Conheci o treinamento em MBRP de perto e resolvi iniciar minha formação, que aconteceu no ano seguinte. Naquele encontro, Marlatt havia aceitado colaborar em minha futura pesquisa de doutorado e, quando voltei ao Brasil, já comecei a desenhar o projeto. Não imaginávamos a dimensão que os estudos com *mindfulness* tomariam na área da Saúde como um todo, não somente na área de drogas. Certa vez Telmo me perguntou: "Você vai querer mesmo pesquisar sobre *mindfulness*? Já pensou que vai ser reconhecida como uma pesquisadora em *mindfulness*? É isso que quer?" (expressando certa estranheza).

---

* Ver Parte II, Capítulo 6.

Não se ouvia falar em *mindfulness* no Brasil. Mas no exterior estudos já vinham sendo publicados e havia muitos pesquisadores de renome envolvidos. Nada daquela ideia de que quem medita é alienado e não quer saber de nada – preconceito e estigma: como isso ronda o ser humano.

Mas nada disso me preocupava. Como seria visto, se daria certo ou não, se eu seria reconhecida por isso ou aquilo. Na verdade nunca penso em nada disso. Sempre estudo muito, me dedico, busco estar perto de quem conhece a fundo sobre o assunto, me preocupo em levar ferramentas de excelência e baseadas em evidências aos meus pacientes e para isso pesquisar é simplesmente fundamental.

Certo dia, com o projeto do futuro doutorado caminhando com a colaboração de Alan Marlatt, ele me escreve dizendo que não poderia mais contribuir. Disse que o excesso de viagens poderia comprometer a colaboração, mas que a Sarah Bowen, primeira pesquisadora de seu grupo, já copiada naquele e-mail, poderia me dar o suporte necessário. E, a partir daí, foi assim. Sarah passou a colaborar e se tornou uma grande amiga. Mas não era nada disso que ele me contou. Marlatt havia recebido diagnóstico de uma doença grave e sabia que não teria muito tempo mais. Generosamente se preocupou em redirecionar seus compromissos. E nunca vou me esquecer de como foi comprometido comigo. Veio a falecer alguns meses depois dessa conversa. Dedico este livro a Alan Marlatt.

Muito trabalho desde então. Meu treinamento em MBRP aconteceu em 2011 e, em seguida, apresentei meu projeto de doutorado à Profa. Dra. Ana Noto, na Unifesp, que me disse assim: "Mind o quê?" Nome de difícil pronúncia e compreensão até ali. Mas a parceria com a pesquisadora da Universidade de Washington ajudou a dar credibilidade ao projeto, e Ana já me conhecia de "congressos", como ela disse, além de termos contato por meio do Telmo, algumas vezes, incluindo esta onde fui apresentar meu projeto a ela.

Ela então aceitou o desafio de apresentar ao Departamento de Psicobiologia, um departamento muito tradicional em pesquisas na área de drogas no país, um projeto baseado em meditação. Lembro-me de nos preocuparmos sobre a receptividade, e o termômetro inicial seria minha apresentação do projeto, como parte da admissão ao doutorado.

Sala cheia, vários pesquisadores queriam conhecer aquele novo projeto. Alguns muito receptivos, outros nem tanto, alguns desconfiados, outros dispostos a contribuir. E assim foi. O primeiro projeto de pesquisa na área de drogas envolvendo meditação daquele departamento (e do país) foi aprovado e foi uma trajetória de muito aprendizado e muitos ganhos para todos. Parcerias nacionais e internacionais, tradução e revisão técnica do livro *Prevenção de recaída baseada em mindfuness para comportamentos aditivos: um guia para o clínico* para o português após três anos em que me esmerei para conseguir uma editora. Todas negaram nos primeiros anos, pois a proposta não parecia que "ia vingar" no Brasil. Até que na primeira vinda da Sarah Bowen ao Brasil, em 2013, quando a convidamos para um *workshop* em São Paulo, na plateia estava Dr. Bernard Rangé, um dos pioneiros da TCC no país, que durante o *coffee break* me disse: "Você já tem a editora para publicar o manual." E assim foi feito, pela sua editora, a Cognitiva[6].

Durante meu doutorado, traduzimos e validamos as duas escalas principais de *mindfulness* naquele período para o Brasil (FFMQ-BR e MAAS), e os artigos foram publicados[7,8]. Nosso primeiro estudo de revisão sistemática sobre o tema também foi publicado durante o doutorado[9], além de seis capítulos de livros em colaboração a obras de colegas especialistas em TCC e na área de álcool e drogas. Houve também publicações entre artigos e livros nacionais e internacionais, além de incontáveis participações em congressos nacionais e internacionais apresentando resultados parciais da pesquisa. A mídia começou a reconhecer a importância e visibilidade das práticas de *mindfulness* na Saúde e contribuímos com várias matérias em revistas semanais de circulação nacional.

Tratou-se de um ensaio clínico randomizado de avaliação da efetividade e eficácia do programa *Mindfulness-Based Relapse Prevention* (MBRP) como adjunto ao tratamento padrão oferecido pelo Ministério da Saúde para tabagismo, além de um estudo qualitativo de avaliação da adaptação do programa ao contexto brasileiro. Como já dito, Dra. Ana Noto foi a orientadora do doutorado pela Unifesp, a professora Elisa Kozasa foi a coorientadora, e a Sarah Bowen foi a colaboradora internacional.

Da UFJF contei com a colaboração da professora Dra. Laisa Sartes, do Departamento de Psicologia, pois a coleta de dados da pesquisa foi feita no ambulatório de tabagismo da Prefeitura de Juiz de Fora, o SECOPTT (Serviço de Controle, Prevenção e Tratamento do Tabagismo). Profa. Laisa pôde dar supervisão e orientação às alunas envolvidas na pesquisa como bolsistas selecionadas na UFJF (e algumas vezes como voluntárias), além de ter participado da análise dos dados durante o processo de avaliação dos resultados.

A pesquisadora Kimber Richter, PhD da University of Kansas School of Medicine, Department of Preventive Medicine and Public Health, uma das maiores autoridades em pesquisas em tabagismo no mundo, também foi uma grande colaboradora. Nós nos conhecemos naquela visita ao Addictive Behaviors Research Center, na Universidade de Washington, quando Kim, sabendo que estaríamos lá, foi de Kansas para Seattle a fim de conhecer os brasileiros que trabalhavam na área. Tivemos muita afinidade desde então, e o desenho do estudo randomizado foi concebido com a ajuda preciosa de Kim, que também acompanhou cuidadosa e gentilmente todo o processo de análise dos dados da pesquisa, que estão sendo aos poucos publicados.

Recentemente publicamos o estudo transversal, que confirmou, na amostra do estudo longitudinal (que está no prelo), que afetos positivos e negativos, assim como dependência de nicotina, estão diretamente relacionados à variação do *mindfulness* disposicional – compreendido como a capacidade individual de observar e estar consciente do que está acontecendo no momento presente, sendo um traço inerente e modificável, presente até certo ponto em todos – avaliado em nosso estudo pela escala FFMQ-BR[8]. Ou seja, os afetos têm um potencial crítico de moderação nos efeitos do tratamento; assim, intervenções que atuem na regulação dos afetos terão um impacto muito maior na aquisição da abstinência no tratamento, bem como na manutenção da abstinência no pós-tratamento[10], e esse foi o primeiro estudo brasileiro na área a esse respeito, corroborando estudos internacionais.

Tudo isso (e muito mais) culminou com mais uma grata surpresa. No dia 20 de junho de 2017, recebo um e-mail da secretaria dos programas de pós-graduação do Departamento de Psicobiologia da Unifesp convidando todos os alunos para submeterem sua produção acadêmica no período do doutorado (2012-2016), para que o departamento pudesse avaliar a possibilidade de indicação de dois nomes de alunos para indicação ao Prêmio Capes-Interfarma de Inovação e Pesquisa (Edital 17/2017) de melhor tese do ano em âmbito nacional.

Assim o fiz e, dali a alguns dias, recebi o e-mail da Universidade confirmando que minha pesquisa de doutorado havia sido indicada pelo departamento para concorrer ao prêmio. Independentemente da conquista do prêmio (que não aconteceu, afinal concorri com todas as teses de doutorado do Brasil naquele ano), a indicação pelo Departamento já foi uma grande conquista, uma vez que se tratava da primeira pesquisa daquele departamento envolvendo *mindfulness* e DQ. Encerramos bem aquela etapa.

Toda esta história para declarar, primeiro, o quanto acredito que escolhemos até certo ponto. Dali em diante, somos escolhidos pelo trabalho. Como diria Sarah Bowen: "O trabalho nos escolhe." Segundo, para que o leitor possa me acompanhar neste histórico a fim de compreender mais adiante como se chega a uma abordagem transdiagnóstica e transepistemológica. Não se salta de paraquedas. A trajetória é longa e são muitas as influências. Terceiro, para dizer o quanto acredito que selamos as nossas escolhas a partir das pessoas que conhecemos pelo caminho. São elas que dão sentido. Hoje sou um pouco de cada uma delas, pessoal e profissionalmente. Por fim, para dizer que a adaptação de um programa internacional (nos meus casos, programas norte-americanos) ao contexto brasileiro só se torna possível quando você participa ativamente deste contexto.

Em janeiro de 2017, fundei em Juiz de Fora o Espaço Terapêutico Isabel Weiss, após encerrar o NTC, com a finalidade de disponibilizar aos meus pacientes do consultório particular, além da continuidade dos atendimentos individuais na TCC, o Treinamento Introdutório à Prática Pessoal de Meditação Baseada em *Mindfulness*, uma adaptação que fiz do MBRP para a população clínica em geral.

A experiência com pacientes DQ, que apresentam alta taxa de comorbidade psiquiátrica, me acenou para a possibilidade de agregar toda a bagagem acumulada até ali numa abordagem transepistemológica e transdiagnóstica, como apresentarei no próximo capítulo. Foram 25 grupos treinados em dois anos e meio de funcionamento, algo em torno de 300 pessoas até aqui.

REFERÊNCIAS BIBLIOGRÁFICAS

1. Saris S. "Reabrir manicômios é um crime." Folha de Londrina [Internet]. 18 de maio de 2019 [citado 5 julho 2019]; Disponível em: https://www.folhadelondrina.com.br/reportagem/reabrir-manicomios-e-um-crime-2940521e.html.

2. Neufeld CB, Paz S, Guedes R, Pavan-Cândido CC. Congresso Brasileiro de Terapias Cognitivas: uma história em 10 edições. Rev Bras Ter Cogn. 2015;11(1):57-63.

3. Fulton PR. *Mindfulness* como treinamento clínico. In: Germer CK, Siegel RD, Fulton PR, editors. *Mindfulness* e psicoterapia. Porto Alegre: Artmed; 2016. p. 60-77.

4. Knapp P, Bertolote JM. Prevenção da recaída: um manual para pessoas com problemas pelo uso do álcool e das drogas. Porto Alegre: Artmed; 1994.

5. Weiss de Souza IC, Ronzani TM. Álcool e drogas na atenção primária: avaliando estratégias de capacitação. Psicol Em Estudo. 2012;17(2):237-46.

6. Bowen S, Chawla N, Marlatt GA. Prevenção de recaída baseada em *mindfulness* para comportamentos aditivos: um guia para o clínico. Rio de Janeiro: Cognitiva; 2015.

7. Barros VV, Kozasa EH, Weis de Souza IC, Ronzani TM. Validity evidence of the Brazilian version of the Mindful Attention Awareness Scale (MAAS). Psicol Reflex e Crítica. 2015;28(1):87-95.

8. Barros VV, Kozasa EH, Weis de Souza IC, Ronzani TM. Validity evidence of the Brazilian version of the five facet mindfulness questionnaire (FFMQ). Psicol Teor e Pesqui. 2014;30(3):317-27.

9. Weiss de Souza IC, Barros VV, Gomide HP, Miranda TCM, Menezes VP, Kozasa EH, et al. Mindfulness-based interventions for the treatment of smoking: a systematic literature review. J Altern Complement Med NYN. 2015;21(3):129-40.

10. Weiss de Souza IC, Kozasa EH, Rabello LA, Mattozo B, Bowen S, Richter KP, et al. Dispositional mindfulness, affect and tobacco dependence among treatment naive cigarette smokers in Brazil. Tob Induc Dis. 2019;17:1-28.

10

Um enfoque transdiagnóstico e transepistemológico – casos clínicos[*]

Isabel C. Weiss de Souza

 Poucos são os que enxergam com os próprios olhos e sentem com o próprio coração.
Albert Einstein

É grande o desafio de chegar até aqui e contar um pouco de nossa história conjunta, minha e dos pacientes que gentilmente se dispuseram a realizar uma entrevista falando de suas experiências com a terapia cognitivo-comportamental (TCC) e o *mindfulness*. Sou muito grata a todos eles pela disponibilidade e interesse em ajudar. Todos aqueles que passam pelos treinamentos acabam se sentindo compelidos a disseminar, tamanho o ganho que experimentam. Eu me incluo nessa afirmação, pois foi assim quando passei pelos meus primeiros retiros de meditação, quando tudo começou, e este "compromisso" permanece.

---

[*] Neste capítulo nos deparamos com relatos de pessoas que receberam treinamento em grupo na versão transdiagnóstica adaptada do Prevenção de Recaída Baseada em *Mindfulness* (MBRP). A autora deste capítulo foi a instrutora em todos os casos relatados. Alguns eram seus pacientes, que foram encaminhados ao grupo, outros são pacientes de colegas (médicos e psicólogos) que fizeram o encaminhamento, e os demais procuraram o treinamento por conta própria, buscando desenvolver a habilidade de *mindfulness*, inclusive com propósito preventivo.
É importante ressaltar, também, que cada candidato ao treinamento agenda uma entrevista individual para que seja avaliada a indicação ao ingresso no grupo, pois somente pessoas assintomáticas são indicadas a participar. No caso da pessoa ter um diagnóstico qualquer, o profissional que a acompanha será consultado quanto à pertinência do seu ingresso naquele momento, podendo acontecer em outra circunstância, caso seja identificado algum inconveniente.

A FORMAÇÃO DO INSTRUTOR DE *MINDFULNESS*

Uma questão muito recorrente nas discussões sobre *mindfulness* atualmente se refere à formação do instrutor.

Meditação *mindfulness* (MM) e intervenções baseadas em *mindfulness* (MBI), conforme abordado anteriormente neste livro, incluem uma ampla variedade de práticas de meditação e intervenções psicológicas ligadas ao conceito de *mindfulness*[1]. No entanto, algumas vezes, os significados são diferentes, assim como a sua aplicação. Relatos milenares de que práticas de MM ajudam o praticante a alcançar a liberdade do sofrimento, bem como a desenvolver alegria genuína, certamente contribuíram para o atual interesse em se usar essas abordagens no tratamento de doenças psicológicas e físicas e para reduzir o estresse em indivíduos saudáveis[1]. Tanto a filosofia budista quanto a psicologia estão envolvidas com a "erradicação" de tendências latentes e hábitos associados com o surgimento e a manutenção de emoções normalmente descritas como destrutivas[1].

A Parte II deste livro apresentou algumas versões modernas das MBI testadas e comprovadas quanto aos benefícios à saúde humana em programas que se apresentam em sua maioria como complementares ao tratamento de diversas doenças. Inegavelmente, o *background* filosófico do *mindfulness* está no budismo tibetano, que o define como um dos fatores de "investigação" responsável por todas as atividades mentais[2], considerado um *continuum* de fases em que aquela mais avançada envolve uma consciência introspectiva que compreende o "momento a momento" trabalhando entre pensamentos e sentimentos adaptativos e mal adaptativos[1].

As MBI modernas, no entanto, sofrem apenas uma influência marginal do budismo. Com exceção do MBSR (Redução de Estresse Baseada em *Mindfulness*), as demais intervenções sofrem profunda influência de teorias psicológicas, especialmente da terapia cognitivo-comportamental (TCC e MBCT), ciência comportamental (terapia dialética comportamental – DBT) e contextualismo (terapia de aceitação e compromisso – ACT), o que sugere que muitas modificações foram feitas nas diferentes intervenções baseadas em *mindfulness*[1]. O MBSR é a único com raízes na tradição budista Mahayana e Theravada, integrando a filosofia e a prática budistas à prática psicológica e médica[1].

No MBSR não existe a necessidade de a pessoa mudar de religião. As leituras de base budista, realizadas durante o programa, não são dogmáticas e apenas servem de inspiração aos participantes.[3] Alguns programas baseados em *mindfulness* incorporaram leituras e práticas da tradição, o que enriquece e aprofunda as discussões em momentos em que normalmente alguns dos participantes (ou muitos deles) já despertam para a espiritualidade. Os objetivos das

MM baseadas na vipassana e no zen são atingir o *insight* sobre a natureza real do *self* e do mundo, a fim de obter a liberdade do sofrimento (o qual resulta de uma compreensão incorreta da realidade)[4] e evitar tendências latentes e hábitos a fim de alcançar a alegria e a felicidade[5].

As MBI mais recentes são clinicamente orientadas e têm como principal objetivo o alívio de sintomas psicológicos e físicos, focando em uma "bagagem extra" que se amontoa sobre os sintomas, por exemplo, os pensamentos negativos[1]. O artigo de Chiesa e Malinowski[1] propõe uma comparação entre as MM e as MBI e assinala alguns pontos relevantes:

- MM e MBI: ambas envolvem um retreinamento da consciência e da não reatividade, conduzindo à ampliação do que é experienciado e permitindo que o indivíduo faça escolhas mais conscientes, em vez de reagir de modo automático[6];
- A ênfase na difusão cognitiva e na aceitação (como visto em capítulos anteriores) não é compartilhada pela MM clássica. As mudanças psicológicas são resultantes da percepção direta das experiências adaptativas e não adaptativas no momento em que surgem ou não.
- A MM rejeita a ideia de que práticas de *mindfulness* tenham um objetivo (como é o caso das MBI) e, consequentemente, a consciência sem julgamento do momento presente é vista como essência da prática (MBI).

Isso posto, vale ressaltar que a formação de um instrutor de *mindfulness*, no contexto clínico, deve seguir alguns parâmetros importantes adotados pela comunidade científica mundial, uma vez que diferem de um praticante de MM simplesmente[7]:

- Ter qualificação profissional para prática clínica.
- Ter conhecimento aprofundado da população clínica à qual se destina o programa para o qual será certificado (p. ex., depressão, ansiedade, dores crônicas, transtornos alimentares, dependência de drogas, estresse etc.).
- Possuir um treinamento profissional em saúde mental (ser especialista), utilizando-se de intervenções terapêuticas baseadas em evidências.
- Receber treinamento profissional para atuar no programa baseado em *mindfulness* com o qual pretende atuar, em instituição reconhecida pela comunidade científica mundial, com profissionais devidamente certificados e que ofereçam supervisão continuada.
- Ter experiência pessoal diária sedimentada de meditação baseada em *mindfulness* (alguns anos de prática consolidada).
- Participar regularmente em retiros de *mindfulness*.

- Manter envolvimento com colegas que também sejam instrutores, a fim de promover a troca de experiências e o aprendizado colaborativo.
- Manter leitura regular de livros e artigos na área, a fim de comprometer-se com a atualização no campo de conhecimento.
- Ter comprometimento ético com os princípios da sua profissão de base.

É absolutamente fundamental que os instrutores de *mindfulness* sejam qualificados para atuarem na área a que se dispõem. Ruth Baer, uma das pioneiras em pesquisas com *mindfulness*, professora de Psicologia da Universidade de Kentucky (EUA), a quem tive o prazer e a honra de conhecer pessoalmente e de quem fui colega de curso no treinamento de MBRP nos Estados Unidos em 2011, juntamente com Kuyken[8], ressalta que estamos lidando com "um órgão de extraordinária complexidade e poder: a mente humana", e esse fato demanda instrutores que sejam especialistas na área, além de estarem preparados para os riscos inerentes à prática, que não é panaceia. Os autores ressaltam que a meditação *mindfulness* se tornou muito difundida e que não temos, ainda, muitos instrutores efetivamente qualificados. Com pouco e rápido treino, sem ainda sedimentarem suas próprias práticas pessoais, terapeutas muitas vezes se dispõem a treinar pessoas[8]. Pode-se ressaltar que, no Brasil, vale ainda mais cautela, pois os cursos de formação por aqui são muito mais recentes e, de forma geral, não dispomos de supervisores experientes o suficiente.

Os retiros de *mindfulness* oferecidos durante a formação profissional em todos os programas geralmente acontecem em locais reservados, distantes da confusão das cidades, permitindo ao sujeito se afastar de suas atividades e relações cotidianas, além de se desligar de toda parafernalha tecnológica que geralmente o mantém alerta e ansioso. Importante ressaltar que, pelo caráter intensivo dos retiros, o cuidado em relação ao participantes deve ser grande também, pois nessa experiência transtornos mentais podem eclodir ou se agravar[8].

As formações acontecem em etapas diferentes, com módulos que inicialmente habilitam o aluno (que correspondeu a todos os critérios apresentados) a treinar pacientes. O tempo de duração do primeiro módulo é muito relativo e depende de cada formação, e a supervisão por parte de um instrutor experiente é essencial. Os módulos seguintes, que variam bastante de programa a outro, visam, em geral, a formação de instrutores de *mindfulness* aptos a formarem instrutores e, geralmente, são mais extensos, acontecem também em formato de retiros e supervisão e são considerados "módulos avançados". É importante notar que, nem sempre, os alunos concluem ou atingem o módulo avançado e, portanto, não se tornam habilitados a formar instrutores. A cada etapa da formação, o aluno recebe uma certificação específica.

Ao longo da vida profissional do instrutor, ele precisará participar de muitos retiros (e também irá aspirar por isso!), pois a experiência da imersão é única e permite reforçar ainda mais suas habilidades e propósitos. Esses retiros podem não ser necessariamente de *mindfulness*, podendo ser retiros conduzidos por monges budistas, que certamente irão contribuir muito na formação do instrutor, mas que não têm preparo para lidar com transtornos mentais; por essa razão, sugere-se que seja feita uma triagem cuidadosa antes da admissão, para que os prejuízos ao participante não sejam maiores que os benefícios[8].

A experiência de treinar pessoas desperta, em muitos, a dimensão espiritual (não necessariamente ligada a alguma religião), e os retiros budistas, assim como as leituras a respeito, poderão auxiliar a escuta no dia a dia dos treinamentos, assim como contribuirão no estabelecimento das bases para a prática e a condução dos grupos, com princípios éticos bem definidos, convidando a todos para "vigiarem suas mentes"[9] de forma serena e não dogmática.

No caso da TCC, estamos falando da psicologia ocidental, que é recente (algo em torno de 60 anos na forma como a conhecemos hoje), assim como das tradições psicodinâmicas, âmbito em que estas práticas também podem ser inseridas, embora não sejam objeto deste livro. Como as práticas de meditação são introduzidas nesse contexto?[9].

Na TCC, como vimos, considera-se uma cadeia (pensamento → sentimento → comportamento) de eventos despertados por experiências atuais, que são porém influenciados por toda gama de experiências anteriores do indivíduo e que vão influenciar sobremaneira a sua forma de agir no mundo, o que, por sua vez, trará um *feedback* muitas vezes confirmatório de suas crenças (retroalimentação). Na meditação *mindfulness* considera-se, igualmente, que existe um sistema de crenças subjacentes – muitas delas disfuncionais, automáticas e consideradas a causa do sofrimento – que influencia a vida do sujeito[9]. A psicologia budista se concentra na compreensão de que tais crenças disfuncionais dizem respeito, essencialmente, à ideia que o sujeito tem de si mesmo, assim como à sua função (quem e o que somos)[9].

CASO CLÍNICO

Uma das pacientes de meu consultório que foram indicadas ao treinamento de meditação baseada em *mindfulness*, que chamarei aqui de Giane, sentia-se extremamente "acuada" na vida, como dizia. Separada, mãe de 3 filhos adultos, executiva, 56 anos, caçula de uma prole de cinco irmãos. Dizia sentir-se muito confortável em se comunicar e se relacionar com as filhas, mas que a comunicação com o filho era "truncada": "A gente começa a conversar e logo vira briga, porque ele diz que eu elevo a voz e ele logo grita... daí paramos de conversar!"

Na psicoterapia individual, assim como no grupo, Giane é muito gentil e suave, não expressando em nenhum momento comportamento agressivo ou semelhante; pelo contrário, mostrava-se até muito acuada. Certa vez, em uma sessão de psicoterapia individual, expressou que o nome de "café com leite" veio à sua cabeça após uma prática de *mindfulness* e que realmente era assim que se sentia durante toda a sua vida, apesar de não ter plena consciência disso até então.

Giane tinha três irmãos homens mais velhos e um pai conservador que nunca considerou proporcionar às filhas mulheres os mesmos direitos que eram garantidos aos homens, pricipalmente o direito de expressão de opinião e decisão. Giane concluiu que essa conduta de uma vida inteira (sendo o pai de 90 anos ainda muito presente na vida da família), somada às suas próprias características de personalidade, levaram-na sempre a se calar e nunca expressar seus sentimentos: "Na verdade nem sabia direito como me sentia nestas situações difíceis de embate."

A busca pela psicoterapia e pelo *mindfulness* se deu por se ver nesse momento sem um projeto de vida e com dificuldade de estabelecer relações afetivas que a preenchessem. Surgia a tomada de consciência de seu papel e função na família (a "a café com leite", ou seja, aquela cujas posições, comportamentos e opiniões não são considerados) impactaram consideravelmente em toda a sua vida até ali.

O treino na psicoterapia tem sido voltado ao seu posicionamento diante das pessoas, especialmente homens, a partir do que sente naquela circunstância, com entonação de voz e postura física adequadas, de forma que não seja confundida como "a radical, que grita". Perguntada sobre o que a impedia de se colocar abertamente para o filho, Giane disse: "Eu acredito que ele pensa que as dificuldades que o pai vivencia após nossa separação sejam de minha responsabilidade." Giane se restabeleceu profissionalmente após o divórcio, e o ex-marido ainda enfrenta dificuldades.

Estimulada a falar com o filho e esclarecer a situação, ela disse: "Nossa, nunca percebi que me responsabilizo por tudo à minha volta". São quinze anos desde sua separação e nunca havia procurado esclarecer com o filho sobre sua suspeita. O que a impedia? Seus pensamentos a respeito, sem sequer ter certeza de que realmente seria isso.

O sentimento mais duradouro nas relações, antes latente? Sou "café com leite"! Pensamentos? "Como não faço nada certo, sou responsável pelo que dá errado à minha volta". Comportamento? Acuada e admitindo tudo que os irmãos falam e fazem, mesmo que isso a prejudique, e essa atitude se expande para a relação com o filho homem e com colegas de trabalho.

Manter-se acuada e sem se posicionar nas relações pessoais foi uma defesa para evitar se deparar com experiências que lhe traziam desconforto e a impediam de encarar a realidade de forma transparente. Giane não conseguia considerar o quão vencedora sempre havia sido, mesmo nessas circunstâncias, com suas dificuldades. Após a separação e vivenciando os vários problemas decorrentes desse evento, ela assumiu a casa, os filhos e ingressou na area empresarial, meio muito disputado e ainda bastante masculino, já com 46 anos de idade, tendo se tornado gestora. No trabalho, rapidamente foi promovida a cargos de grande responsabilidade. Nada de "café com leite".

Giane segue em processo de psicoterapia e vem evoluindo nessa imagem de si mesma, antes muito distorcida. Mantém a prática da meditação e afirma que seu maior benefício tem sido conseguir observar essa situação "de fora" (em perspectiva) e não envolver-se mais tão frequentemente na espiral de sentimentos (antes indefinidos por ela), pensamentos e comportamentos de esquiva, buscando ancorar-se no momento presente e no que se apresenta, partindo da compreensão atual e não de categorias e padrões antes latentes e imperativos.

ABORDAGEM TRANSDIAGNÓSTICA: DO QUE SE TRATA?

Narayanan e Naaz (2018) comentam que "pesquisas recentes apontam para uma mudança do diagnóstico categórico para uma compreensão dimensional da psicopatologia e distúrbios mentais"[10]. Acompanhando essa forte tendência, surgem tratamentos e abordagens transdiagnósticas, que buscam identificar vulnerabilidades básicas e aplicar princípios universais ao tratamento terapêutico[10].

Na verdade, é difícil dizer o que veio primeiro, se a visão do adoecimento mental em uma perpectiva dimensional ou os tratamentos que, à medida que evoluíram e foram sendo aplicados e testados empiricamente, passaram a beneficiar as pessoas não somente no alvo selecionado, mas em seu funcionamento como um todo, incluindo outras comorbidades que não somente aquela motivadora da busca pelo tratamento. Um fato que pude constatar em minha pesquisa no doutorado, por exemplo: tabagista que procurou tratamento para parar de fumar, recebeu MBRP e deixou os medicamentos para dor crônica[11].

As chamadas terapias de terceira onda ou terceira geração são inerentemente transdiagnósticas[10], o que pode oferecer amplos benefícios àqueles que apresentam comportamentos compulsivos, como no caso das dependências químicas, compulsão por sexo, por compras, por jogos e por tecnologia em geral (principalmente celular e redes sociais). Esses quadros são normalmente acompanhados por múltiplos diagnósticos, como depressão, ansiedade, dores crônicas, entre outros, não diferindo muito de outros diagnósticos psiquiátricos em que, em geral, estima-se algo em torno de 60% de coocorrência de transtornos mentais[12].

Minha longa experiência na atuação com pacientes dependentes de drogas, desde muito jovem em minha carreira, colocou-me sempre em contato com múltiplos diagnósticos, o que representou um compromisso com o aprimoramento no conhecimento e desenvolvimento de ferramentas para lidar com aqueles transtornos comórbidos mais recorrentes. Inicialmente, há cerca de 27 anos, buscávamos atuar no que denominávamos de transtorno primário, sendo, em geral, aquele "mais grave" e que estivesse trazendo mais sofrimento e prejuízo (algo difícil de avaliar).

No entanto, ao longo dos anos, pude constatar que o desenvolvimento de abordagens transdiagnósticas me possibilitava atuar de uma forma mais ampla e não diretiva, permitindo que o paciente se familiarizasse com a forma mal adaptativa condicionada de seus comportamentos que, na realidade, contribuem para o desenvolvimento e a manutenção de suas desordens clínicas. Estudos recentes demonstram que *mindfulness* atua diminuindo o comportamento condicionado, aumentando o controle volitivo sobre respostas habituais e automáticas, retardando o aparecimento daquela primeira resposta condicionada e diminuindo assim, com o tempo, o seu aparecimento[13].

É importante ressaltar que essas intervenções não têm como objetivo principal a promoção da abstinência de substâncias, como no caso do MBRP, por exemplo, mas sim promover melhor qualidade de vida por meio da construção de significado[10].

Eu tinha uma ideia inicial de que terapias comportamentais eram mecânicas e frias (quando precisei deixar a psicanálise como minha referência teórico-prática, como descrevi no capítulo anterior). Com *mindfulness* pude constatar, efetivamente, que o enfrentamento (*coping*) proposto traz amplo significado à experiência, colocando a todos nós diante de nossas reais e inegociáveis necessidades, como procuramos demonstrar nas breves descrições de casos clínicos descritos ao longo deste livro. No entanto, a transformação pela qual passei, principalmente nos primeiros meses (e anos) do meu treinamento pessoal em *mindfulness*, assim como o que pude constatar de mudanças e relatos registrados em todos os mais de 30 grupos que conduzi até o momento (entre grupos de pesquisa e grupos que conduzo em minha clínica particular), mostraram-me que não há nada de mecânico e muito menos frio na abordagem comportamental de terceira geração.

O treino de atenção plena (como *mindfulness* vem sendo traduzido no Brasil) é embuído de propósito, interesse, calor e energia, além de demandar muito esforço (nada mecânico e frio!)[14]; do mesmo modo, o desenvolvimento da consciência plena (*awareness*) envolve curiosidade, perseverança, paciência, generosidade, cuidado, confiança e equanimidade[14], tornando-se, portanto, uma jornada única e cheia de sentido, na qual o terapeuta/instrutor incorpora o que ensina (*embodiment*). Portanto, é facilmente perceptível aos participantes do grupo que aquilo que se treina é igualmente vivenciado pelo instrutor que, por sua vez, a cada grupo se realimenta e reforça todo o processo de relembrar de voltar para a consciência lúcida do momento presente (*sati*, em páli, conceito traduzido pela primeira vez como *mindfulness* por Rhys Davids, em 1881)[14].

Mindfulness não é tratamento. Trata-se do desenvolvimento de uma habilidade que auxilia em grande medida no reconhecimento, por parte do participante, de seus padrões de comportamento e pensamento, contribuindo na prevenção de recaídas. Da mesma forma, promove também o reconhecimento das emoções como aliadas em seu processo de adaptação, enfrentamento de adversidades e direcionamento de atitudes, alinhadas a valores pessoais e princípios éticos.

Todas as pessoas que ingressam no treinamento são orientadas quanto à possibilidade de interrupção no caso de apresentarem algum desconforto ou efeito adverso. No breve relato do caso Giane, o leitor pode ter se perguntado como ela pôde se beneficiar de um treinamento de grupo no programa MBRP, uma vez que ela não apresenta uso compulsivo de drogas.

Toda minha vivência profissional, descrita no capítulo anterior, contribuiu nesse processo de adaptação do MBRP para a população em geral, como eu sempre me refiro. Quando fui para os Estados Unidos iniciar minha formação, em 2011, no retiro em Rochester (cidade localizada no estado de Nova Iorque), ministrado por Sarah Bowen, Neha Chawla e Joel Grow, participaram profissionais de saúde com experiência de atuação nas dependências químicas e, apesar de não apresentarmos aquele transtorno, todos nos beneficiamos do programa. Tal vivência me acenou para o quanto aquele programa, inicialmente proposto para dependentes de substâncias, na verdade nos beneficiaria a todos.

À medida que os anos se passaram, eu completei o módulo avançado na charmosa cidade de Warminster, no interior da Inglaterra, novamente com a Sarah Bowen e a equipe do Centre for Addiction Treatment Studies. Já havia começado a conduzir grupos, inicialmente no piloto da pesquisa do doutorado, a fim de verificar e testar necessidades de mudança e adaptação do programa para o contexto brasileiro do SUS e, depois, para os grupos de sujeitos da pesquisa propriamente dita. Foram muitos grupos de pacientes tabagistas dependentes químicos, tanto do já citado SECOPTT, em Juiz de Fora, como do ambulatório de tratamento do tabagismo do Hospital São Paulo (SP). Trabalhar com aquela população clínica era diferente do que eu já havia feito no CAPS-Ad, onde não abordávamos tabagismo naquela época. A escolha dos tabagistas se deveu ao fato de que temos um programa de tratamento e prevenção estruturado no SUS e que é reconhecido internacionalmente por sua eficiência e eficácia, o que facilita muito a pesquisa que segue protocolos e se beneficia de contar com um grupo controle ativo com uma abordagem estruturada baseada em TCC em um ensaio clínico randomizado[15], conforme conduzimos[11].

Confesso que também imaginava encontrar uma população clínica menos comprometida cognitivamente, o que poderia não comprometer tanto a adesão ao protocolo. Contudo, as múltiplas comorbidades também estavam presentes e, apesar de parte delas terem feito parte de nossos critérios de exclusão na pesquisa, pacientes com depressão, dores crônicas e ansiedade que estavam sob controle acabaram sendo incluídos, pois tanto a literatura[11] quanto a prática clínica nos mostram que, entre os tabagistas, aquele índice apresentado de 60% de comorbidades é uma realidade.

Já naquela ocasião, aplicar MBRP trouxe-me uma ampla compreensão do que vem a ser uma abordagem transdiagnóstica. Costumo dizer que, em *mindfulness*, atuamos no "DNA" do comportamento, pois mesmo que o objetivo da pessoa seja se recuperar de um uso abusivo de drogas, por exemplo, a aprendizagem proporcionada pelo processo irá lhe trazer benefícios amplos, em diversas áreas de sua vida.

Existe um constructo latente em *mindfulness* que representa um forte mediador do efeito do MBRP ao reduzir a fissura no pós-tratamento[15]. A diminuição da fissura também foi encontrada em meu estudo de doutorado, cujos resultados serão publicados em breve[11]. Falarei desse mediador ao descrever os próximos casos clínicos.

Vale a lembrança aqui de um rapaz de 25 anos que ingressou no Treinamento Introdutório à Prática Pessoal de Meditação Baseada em *Mindfulness*, a versão adaptada do MBRP que me referi, no Espaço Terapêutico Isabel Weiss, em Juiz de Fora, e que na entrevista individual me disse que seu objetivo de participar seria controlar o estresse e encontrar uma motivação na vida profissional. Sempre muito calado, na sexta sessão do grupo (lembrando que são 8 sessões) disse que gostaria de fazer uma declaração. Contou que era usuário de maconha desde os 14 anos de idade e que isso o atrapalhava muito nas relações familiares e em seu desempenho em geral, mas que mesmo assim não via motivos para parar de usar a droga. Disse ao grupo então que que já havia um mês que não fumava, pois em certa sessão, quando foi lançada a pergunta "você faz para você as melhores escolhas?", ele passou a se questionar quanto a isso e resolveu abandonar o uso.

Neste capítulo não apresento resultados nem mesmo vinhetas de pacientes tabagistas, pois nosso objetivo é demonstrar a aplicação de *mindfulness* com a TCC, assim como seu "efeito carambola"[16], tomando um termo emprestado da Dra. Vera Lemgruber em relação à psicoterapia breve focal (que também fez parte de minha formação, na Santa Casa de Misericórdia do Rio de Janeiro).

Recentes estudos de revisão e metanálises confirmaram que *mindfulness* representa um promissor mecanismo de mudança transdiagnóstico nas MBI, ou seja, não é direcionado a um transtorno específico[15]: mira-se em um, mas atinge-se vários ("efeito carambola", como é conhecido no jogo de bilhar).

As práticas formais e informais de *mindfulness*, como descritas no capítulo sobre o MBRP, constituem um grande arsenal por meio do qual o paciente desenvolve a habilidade de manter-se consciente do momento presente, passa a reconhecer pensamentos como eventos mentais e não necessariamente a representação da realidade (e, com isso, passa a poder escolher não se envolver com eles em historinhas mentais, a "ruminação"), praticar aceitação e não julgamento, identificar e nomear emoções que traz consigo, muitas vezes, uma agenda a ser cumprida, que diz respeito às necessidades reais que com frequência estão encobertas por desvios, atalhos comportamentais que vão se tornando obsoletos na vivência e trazendo problemas (p. ex., uso de drogas, agressividade, etc.).

Tudo isso habilitará o sujeito a se manter com a experiência do desconforto (p. ex., fissura, raiva etc.), reduzindo o risco de recaída[15]. Perceber e sentir a emoção como passageira (entendendo que tudo passa, tanto as emoções boas como as ruins), assim como se permitir respirar e parar para observar como seu corpo se encontra naquela situação, perceber a chegada de um gatilho, além de poder identificar a real necessidade do momento, poderá contribuir para a construção de um grande ferramental cognitivo e comportamental, diferente daquele anterior, estereotipado, automático e disfuncional.

Estudos indicam que as MBI reduzem o uso abusivo de substâncias e a fissura modulando processos cognitivos, afetivos e psicofisiológicos integrados à autorregulação e ao processamento de recompensas[17]. As práticas de *mindfulness* irão aumentar a consciência do sujeito quanto ao nível de excitação em seu corpo, e isso se aplica a qualquer alteração sofrida diante das experiências, sem que tenha que reagir automaticamente a isso. Em vez de promover a modificação do conteúdo dos pensamentos, como na TCC, o *mindfulness* proporciona a mudança da relação da pessoa com tais pensamentos, além de ajuda-la a desenvolver familiaridade com suas experiências internas e a perceber que tem a escolha de parar e voltar ao momento presente, em vez de envolver-se no emaranhado habitual de: pensamentos → emoções → comportamentos ou gatilho → comportamento → recompensa.

Tudo isso contribui para o processo de discernimento, como "base da vida ética, servindo de ponte para a capacidade de uma escolha hábil", que nos leva a fazer melhores escolhas para nós ao aprendermos a lidar com a nossa dor e dos demais[14].

O discernimento desenvolvido por meio das práticas formais e informais, da psicoeducação que acontece durante os treinamentos e das discussões (no *inquiry*) permite-nos passar a agir com intencionalidade e fazer escolhas conscientes em relação aos nossos antigos hábitos, geralmente ligados a formas de evitação e escape do sofrimento, o que nos mantinha no emaranhado de pensamentos e ruminações. Esse treino não é fácil, pois trata-se de uma forma intencional de estar presente, porém à medida que vai avançando, o participante percebe que sua capacidade de sustentar a atenção vai aumentando[14].

Durante o programa de MBRP, o participante recebe, entre tantas outras, o treinamento de duas práticas específicas que irão auxiliá-lo muito nesse processo:

- PARAR Espaço para respirar: uma prática breve e informal que ele pode utilizar a qualquer momento em que perceba alguma alteração (ou simplesmente para fazer algumas checagens durante o dia). P: parar ou diminuir o ritmo exatamente onde estiver; A: observar o que está acontecendo com seu corpo neste momento, assim como emoções e pensamentos presentes; R: levar o foco para as sensações ligadas à respiração; A: ampliar a consciência novamente para incluir a sensação do corpo como um todo no contexto em que se encontra; R: perceber que pode agora responder com consciência[18].
- Surfando na Fissura: este exercício objetiva mudar a relação que a pessoa estabelece com a fissura e os impulsos. Os participantes são incentivados a escolher uma situação cotidiana em que normalmente se sentem desafiados, o que muitas vezes funciona como um gatilho para a fissura ou reações impulsivas. São convidados a explorar essa situação "mentalmente" enquanto meditam ali, observando sensações físicas, pensamentos e impulsos que a acompanham, porém em perspectiva e usando a respiração como uma prancha de surfe que lhes permita praticar presença curiosa e compassiva, em vez de reagir no piloto automático. Isso é feito até que se chegue ao reconhecimento da "necessidade de base", que pode conduzir à compreensão de que o uso da droga ou uma reação agressiva, por exemplo, podem representar uma fuga, o que o impede de constatar quais são as necessidades não atendidas em sua vida. Uma pergunta ao se aproximar do final do exercício pode conduzir a essa compreensão ampliada: "O que eu preciso neste momento?"[18]

Exercícios como este, que são praticados pelo paciente não somente durante o treinamento, mas em suas práticas diárias, irão contribuir muito para o enfrentamento de situações de alto risco (de recaída) sem que ele reaja impulsivamente, aumentando o senso de autoeficácia[10]. A ideia de fissura se aplica a todos nós, não necessariamente relacionada ao uso de uma droga (o que é muito raro), pois todos experimentamos um sentimento de fissura em reagir quando somos fechados no trânsito, quando nos sentimos frustrados, quando recebemos um opinião diversa à nossa, quando sentimos raiva, entre diversas outras situações.

Vejamos um pouco disso no caso da paciente Jéssica, de 50 anos, casada, sem filhos, professora com doutorado em escola pública que se aposentou após alguns meses do início do tratamento cognitivo-comportamental comigo, com quem pude introduzir aos poucos as práticas de *mindfulness* em consultório, individualmente.

Jéssica tem um diagnóstico de depressão maior desde a juventude. Sua primeira crise aconteceu quando aos 14 anos precisou sair de casa para estudar em uma cidade grande, onde os pais acreditavam que ela pudesse receber ensino de melhor qualidade. Disse que sofreu de "ansiedade de separação" e não conseguiu ficar, voltando para casa. Mas aos 17 anos precisou sair de novo, para cursar faculdade, e na ocasião sofreu nova crise de depressão, porém dessa vez "teve que ficar", como afirmou. Até então disse que não recebera propriamente nenhum diagnóstico e considera que esse fato a prejudicou bastante.

Morou no Rio de Janeiro, em Salvador e na França, e em todas as mudanças tanto a depressão como a ansiedade estavam presentes. A primeira vez que foi ao médico recebeu a prescrição do uso de Pamelor® (nortriptilina) e lhe foi recomendada a psicanálise. Jéssica relatou que não se beneficiou nem do medicamento nem da psicanálise.

> Paciente (P): "Sem resultados... Foram anos tentando com diversos profissionais... Isso me deixou sem crença de que a psicoterapia pudesse me ajudar... Até que conheci um médico no Rio, em 2005, que foi um primeiro diferencial, me passou fluoxetina e tinha um ótimo acolhimento e me amparei nele... !"

Uma transferência da escola onde trabalhava trouxe nova mudança de cidade. A paciente disse que sentiu muito a distância do médico do Rio e logo teve que buscar um profissional que pudesse acompanhá-la na cidade.

> P: "O psiquiatra confirmou o diagnóstico de depressão e ansiedade do médico do Rio, me passou Cymbalta® 60 mg e me recomendou TCC... Era 2011 e daí em diante foi uma outra história em minha vida!" P: "Ouvi pela primeira vez a expressão ruminação, que você me disse... Minha cabeça era infestada de pensamentos negativos... Na época eu lembro que eu tava andando na rua, uma hora eu parei ... Até chorei um pouco, porque eu falei: meu Deus, quando isso vai parar?!.."

P: "...Mas o maior resultado mesmo foi com a terapia cognitivo-comportamental sem dúvida... E com a mindfulness... Você começou a introduzir paulatinamente... Sente ereta, como se uma corda tivesse te puxando do alto... Ou então pega aquela pulguinha da orelha... joga no rio... Até que começou com meditação guiada... E aí eu comecei a enxergar os meus pensamentos e sentimentos... Pra mim foi o ganho maior!"

Jéssica foi minha primeira paciente de consultório que recebeu treinamento em *mindfulness*. Nesta época eu o disponibilizava como mais um recurso complementar ao ferramental da TCC. A experiência era nova para todos nós. Apesar de eu já ter passado pelo grupo piloto no doutorado e já estar recebendo supervisão por dois anos naquele período, achei mais conveniente ir testando aos poucos para saber como os pacientes iriam receber. *Mindfulness* não era difundido no Brasil ainda, e o fato de ser baseado em meditação poderia gerar alguma estranheza nos pacientes, que poderiam confundi-lo como algo ligado à religião (o que nunca aconteceu).

P: "...e eu lembro direitinho o dia que isso aconteceu... (risos)... que eu tinha um problema muito grande em atravessar faixa de pedestres... eu tinha ódio mesmo... Era uma raiva... Se eu explodisse ali, se eu tivesse uma arma... eu atirava nos pneus... Nunca pensei em matar ninguém não... No pneu do carro... Eu tinha raiva contida! Mas aquilo ficava dentro de mim, me fazendo mal... E eu... com mindfulness... um dia eu fui atravessar, o rapaz não parou e eu enxerguei... era como se eu tivesse do lado de fora, enxergando meu sentimento."

Jéssica relatava que lidava muito mal com os erros, seus e dos demais. Sempre que parava na faixa de pedestre e ameaçava atravessar, mas o motorista desconsiderava e não parava, ela reagia muito mal, e ficava atormentada o resto do dia com aquilo. Chamou de "estado de inconsciência" o que vivia antes da TCC e *mindfulness* em sua vida. Ela era tomada pelo impulso de querer corrigir as pessoas e fazer valer sua opinião. O que muitas vezes a levou a se envolver em embaraços.

P: "Eu era uma pessoa basicamente inconsciente, não conseguia observar meu comportamento, reações e sentimentos... Era rude com todos, até mesmo com superiores no trabalho. Eu não aceitava contrariedade e tinha necessidade de controlar fatos e pessoas... Esta capacidade de observar meus pensamentos e sentimentos no lugar de reagir, me tornou mais leve... consigo argumentar com educação e gentileza!"

Traços de uma personalidade rígida que na verdade foi forjada nos enfrentamentos da depressão que a acompanhou desde os 14 anos de idade, tendo recebido tratamento com o qual realmente se identificou e viu resultados apenas na vida adulta. Jéssica se mostrou muito forte, pois as crises de depressão eram recorrentes, e sofria com seu ambiente de trabalho "autoritário e sistemático", que acabava exacerbando seus sintomas.

À medida que o tratamento na TCC com *mindfulness* foi evoluindo, os ganhos foram se tornando visíveis. Ela optou por uma vida mais leve, pediu um adiantamento da aposentadoria mesmo com as perdas financeiras que isso geraria e passou a se dedicar aos trabalhos voluntários de que gosta, cuidando de animais abandonados e cuidando melhor de si.

> P: "De uns tempos pra cá... voltou o que eu acho que é a minha essência... que é uma coisa mais delicada... é... gentil... Eu gosto disso!... E mesmo eu gostando disso, eu reagia fortemente... Agora eu vejo... É uma coisa impressionante!
> P: "Certa vez você falou assim: 'nessa época você estava doente, você estava com depressão'... Então eu não sei se isso também é chegar à realidade... Isso foi muito bom pra mim! Porque eu mesma fazia uma confusão total de mim com a doença... Aí você colocou isso pra mim: 'mas nessa época você estava doente'. E eu estava mesmo!"

Consciência do momento presente (*awareness*) e aceitação contribuíram na redução de seus vieses atencionais orientados para o controle, além de uma autoimagem de alguém ruim, que fazia mal às pessoas. Surgiram manifestações de autocompaixão, a partir do reconhecimento de suas próprias falhas, assim como das outras pessoas, o que trouxe leveza à vida de Jéssica, que teve seus sintomas da depressão atenuados e até mesmo erradicados até então, conseguindo sair do círculo vicioso.

> Compaixão é definida como ter uma percepção profunda do sofrimento dos outros, acompanhada pelo desejo de aliviá-lo imediatamente e oferecer cuidado, assim como compreender sem julgar ou sentir pena. Autocompaixão é compaixão dirigida a si mesmo em situações de dificuldade e sofrimento. Ao contrário da autoestima, autocompaixão não depende de condições externas e está associada com grande resiliência e à habilidade de levar mais gentileza a si mesmo[15,2].

E, finalmente, autocompaixão permite à pessoa ver as faltas como inerentes à experiência universal humana, em vez de percebê-las como sentimentos de isolamento e desconexão, que normalmente podem levar o indivíduo a pensamentos depressivos[19].

P: "Reconheço os gatilhos e hoje sou gentil... eu já sei, então pra mim o maior ganho foi esse! Diminuiu minha reatividade... brutalmente... de 95% ... Tanto o estresse como essa reatividade e a culpa me levavam à depressão... gerava pensamentos negativos e me gerava tristeza, desânimo... Aí eu ia afundando... começava aos poucos, mas de repente eu tava afundando naquilo... era um poço, ou como eu falo, um túnel sem luz... Aquilo gerava desespero...desânimo, e até mesmo pensamentos suicidas... Diminuiu muito... Por quê?! Eu... eu não tenho mais aquele estresse da reação... é ... E eu não tenho a culpa ... Então eu acho que esse foi um dos grandes motivos pra me dar serenidade.... porque a depressão... a minha depressão... não sei como que é a de todo mundo... tá muito ligada ao desespero... porque tem a ansiedade também... medo, desespero e vontade de morrer... é... um perfeccionismo... negativamente falando, porque não era de ter as coisas bonitas ou bem acabadas... Não ... é um perfeccionismo de comportamento... tanto meu quanto dos outros!... Como se eu fosse uma controladora... ainda sou um pouco... mas eu não deixo isso me dominar!... No sentido de julgar menos... de ter mais compaixão ...porque isso tudo eu vi também muito no budismo... Apesar de eu saber que mindfulness... mindfulness é cientificamente comprovado, que é laico... tem as raízes budistas né... Mas isso fez muito bem pra mim, porque eu sou uma pessoa com tendência à espiritualidade... Então isso tudo me ajudou muito no crescimento... porque aí eu deixo as pessoas serem mais livres!"

Jéssica fez TCC de dezembro de 2011 a maio de 2013. Muitos conceitos e ganhos foram obtidos na psicoterapia, sempre com uso da medicação associada. Contudo, os resíduos da depressão eram presentes e traziam muitos prejuízos, com sofrimento, ruminações e relações muito prejudicadas. Jéssica recebeu no início um treinamento breve; como comentado, ela foi minha primeira paciente de consultório a quem apliquei o modelo adaptado do MBRP, já numa vertente transdiagnóstica. A paciente aderiu à proposta e passou a praticar também em casa. Muito culta e amante da leitura, não foi difícil introduzir para ela as leituras específicas, o que também a ajudou muito na compreensão do constructo e de seu caráter transepistemológico, o que a levou a realizar leituras profundas do budismo também.

Em março de 2017, quando inaugurei o Espaço Terapêutico Isabel Weiss, em Juiz de Fora, a fim de disponibilizar os treinamentos introdutórios à prática pessoal de meditação baseada em *mindfulness*, Jéssica se inscreveu para o primeiro grupo. Já havia quase quatro anos que recebera alta da terapia e disse que manteve as práticas de *mindfulness* em sua vida, com muitos ganhos. O treinamento formal veio a complementar e teve uma função primordial: a troca de experiências no grupo, o que veio a sedimentar ainda mais suas conquistas.

Sabendo que seu caso foi um dos eleitos por mim para apresentação neste livro, no início de 2019 Jéssica se dispôs a dar uma entrevista, da qual foram retiradas as falas aqui reproduzidas. Algumas semanas depois me enviou a seguinte mensagem:

"Oi Isabel! Caso você inclua meu relato no capítulo do livro, pode acrescentar que eu parei de tomar o antidepressivo. Criei coragem e parei aos poucos, sem efeitos colaterais. Acho que conseguir parar de tomar o medicamento se deu ao *mindfulness*, a esta capacidade de enxergar o pensamento e impedir que se transforme em um sentimento negativo que domina a gente... Agora me vi mais forte... Achei que era importante te contar!"

A ruminação está relacionada com o aparecimento, a manutenção e a recaída na depressão[20]. Segundo os relatos da paciente, os resíduos da doença se mantinham apesar do uso de medicamentos e da psicanálise. Entre eles, consideramos essencialmente a ruminação, que é compreendida como o prejuízo central na depressão, cuja superação é apontada na literatura como um dos maiores benefícios de *mindfulness* no tratamento da doença, no longo prazo[21].

A ruminação na depressão é compreendida como uma resposta de enfrentamento mal adaptativa que exacerba os sentimentos depressivos. Está associada à preocupação excessiva, e uma enxurrada de pensamentos negativos desencadeada, em geral, por imagens catastróficas intrusivas ou por um sentimento de discrepância entre o estado atual e objetivos ideais, numa tentativa constante de resolver objetivos não alcançados, por exemplo. É muito comum que esses quadros estejam associados a um alto nível de ansiedade[20].

Na literatura não encontramos resultados de superioridade significativa do ponto de vista estatístico de tratamentos baseados em *mindfulness* em relação à TCC no tratamento da depressão. No entanto, uma característica muito importante que os estudos apontam é que no longo prazo, *mindfulness* está relacionado com prevenção de recaída nas doenças crônicas, como dependência de drogas, depressão, ansiedade etc.[11,21] Cumpre-se nesse caso seu propósito, que é de manutenção dos ganhos e prevenção de recaídas.

A paciente está consciente de que todos os ganhos e o trabalho que foi sedimentado em anos é um constante processo:

P: "Mas eu vejo que é um progresso... Não é uma coisa que parou... É um processo que continua... Então é um despertar contínuo...".

MEDIADORES DE MUDANÇA EM *MINDFULNESS* E TCC

Conforme citado na Parte I deste livro, existem alguns componentes nucleares responsáveis pela mudança na TCC e em intervenções baseadas em *mindfulness* (MBI)[22]. Relacionando ao caso que acabamos de apresentar:

- Mudança da atenção: nos relatos podemos observar que um dos grandes destaques dados pela paciente ao processo foi a capacidade de desenvolver a metaconsciência, como se conseguisse observar como sua mente funciona, em vez de estar totalmente à mercê dela, presa a padrões de controle anteriores que retroalimentavam a espiral da depressão e da ansiedade. Processo inerente ao *mindfulness*.
- Mudança metacognitiva: por meio do descentramento, Jéssica cria uma distância saudável, em perspectiva, do emaranhado de pensamentos, sensações e emoções, diminuindo a reatividade automática do conteúdo dos pensamentos. Processo inerente ao *mindfulness* e à TCC.
- Reavaliação: exclusivo da TCC, o processo baseia-se essencialmente na identificação e reavaliação das distorções cognitivas, assim como na compreensão do processo que leva à espiral do comportamento disfuncional, que por sua vez retroalimenta os sintomas. Pacientes são estimulados a buscarem novas possibilidades.
- Engajamento no contexto: muito tradicional na TCC, refere-se a técnicas tradicionais que visam o engajamento no contexto, por meio de exposição e ativação comportamental, muito usadas em pacientes com depressão.

Durante a terapia, após já ter iniciado com as práticas de *mindfulness* em consultório, Jéssica compartilhou que se sentia muito constrangida com o comportamento rude que tivera no passado com colegas e que muitos se afastaram dela. Toda a compreensão que passou a ter trouxe inicialmente esse sentimento. Ela disse que alimentava a ideia de que eles devessem guardar uma péssima ideia a seu respeito.

Jéssica resolveu entrar em contato com algum deles. Optou por escrever um *e-mail* a uma ex-colega de trabalho, pedindo desculpas e contando um pouco sobre suas transformações e compreensões atuais, ao que teve um retorno positivo, surpreendida em relação à forma como achava que seria vista.

Na resposta, a colega disse que a lembrança que guardava a seu respeito era de alguém doce e generosa e que atribuía à vida a separação, afinal ela se mudara de cidade. Essa experiência proporcionou uma reavaliação, e o engajamento no contexto foi também muito rico no processo, e a paciente pôde redimensionar e considerar que muitas imagens e ideias conservadas, que alimentavam o ciclo vicioso da depressão, eram em boa parte produção enviesada de sua mente, apesar de algumas vezes ainda duvidar disso, porém sem reingressar na espiral da depressão.

> P: "Então a pessoa vem me falar uma coisa... eu... eu hoje tenho a capacidade de escolher, se eu vou ser dura com ela ou se eu vou ser suave... mas falar o que eu quero, ou então não falar nada... Não falar nada é mais difícil pra mim! Mas eu tenho essa escolha!"

Gratidão à Jéssica pela contribuição!

ABORDAGEM TRANSEPISTEMOLÓGICA

> Dantes os homens podiam facilmente dividir-se em ignorantes e sábios, em mais ou menos sábios ou mais ou menos ignorantes. Mas o especialista não pode ser subsumido por nenhuma destas duas categorias. Não é um sábio porque ignora formalmente tudo quanto não entra na sua especialidade; mas também não é um ignorante porque é "um homem de ciência" e conhece muito bem a pequeníssima parcela do universo em que trabalha. Teremos de dizer que é um sábio-ignorante– coisa extremamente grave – pois significa que é um senhor que se comportará em todas as questões que ignora, não como um ignorante, mas com toda a petulância de quem, na sua especialidade, é um sábio.[23,18*]

Neste livro pretendi apresentar ao leitor minimamente o quanto de conhecimento vamos acumulando, absorvendo, "abandonando", somando, subtraindo, multiplicando e, principalmente, dividindo ao longo de uma vida dedicada à clínica na psicologia. Todos os saberes são bem-vindos, exatamente porque não se esgotam e são insuficientes sozinhos. A experiência de mais de 16 anos em equipe multidisciplinar, como era chamada na época, esforçando-se para ser interdisciplinar, foi sempre muito rica e me ensinou a encontrar o lugar da psicologia entre a medicina, o serviço social, a terapia ocupacional, as artes, a música, a culinária, a enfermagem etc.

A cada conversa, discussão de caso, reunião de equipe, oficina de culinária, festividade, encontrávamos um saber que lançava luz às soluções potenciais, parafraseando o psiquiatra britânico James Griffith Edwards, que foi uma das

---

*   Ortega y Gasset, J. La rebelión de las masas. Madri: Revista de Ocidente; 1970.

maiores autoridades mundiais em pesquisas na área de tratamento para dependência de drogas, fundador do UK National Addiction Centre, em Londres.

Olga Pombo[23], em um artigo em que apresenta os diversos significados das palavras *multidisciplinar, interdisciplinar, pluridisciplinar* e *transdisciplinar*, demonstra que não se trata apenas de um jogo de palavras e prefixos, mas sim da expressão de como se apresenta a troca de saberes em cada período.

"Multi" e "pluri" (talvez sinônimos, segundo Pombo) falam de multiplicidades numa perspectiva de paralelismo. Já "inter" faz menção à complementariedade, sendo reservado ao prefixo "trans" a expectativa de um estágio mais elevado, em que o ponto de fusão e unificação dos saberes compartimentados pela ciência desaparecesse. Pombo ressalta que talvez o prefixo "inter" se mantenha como o melhor nesse contexto, pois mantém os valores relacionados à convergência, complementariedade e cruzamento[23].

Sustentarei aqui a palavra transdisciplinar por ser o termo mais adotado no momento, assim como transdiagnóstico, mas não descarto a reflexão de Pombo e acredito que mais adiante possamos resgatar o uso da terminologia "interdisciplinaridade".

Mindfulness, um constructo milenar, traz em seu bojo a ideia de universalidade, da coconstrução, das múltiplas e diferentes perspectivas, e chega ao campo da ciência nas últimas décadas encontrando-a cindida pelo advento da especialização. Contudo, talvez não por acaso, avança e nos faz repensar e unir esforços na intenção de encarar de frente o fenômeno do aumento do sofrimento humano no último século, expresso em índices nunca vistos de adoecimento mental.

De uma forma democrática original, como nasceu a ciência, na Grécia, em praça pública[23], os programas baseados em *mindfulness* naturalmente resgatam esse caráter de uma conversa múltipla, interatuante e transdisciplinar ou transepistemológica.

Em termos de ciência ainda é muito cedo para dizer o formato que essas práticas vão tomar no Ocidente e se o diálogo realmente vai continuar possível, sem que mais uma vez recorramos cada um ao seu gueto, defendendo os limites de território do conhecimento que, na realidade, conversa-se naturalmente, como veremos a seguir.

Em tese, TCC, psicologia psicodinâmica e prática de *mindfulness* budista comungam da ideia de que "o sofrimento origina-se de causas que podem ser entendidas e frequentemente modificadas", e não como consequência de punição divina ou fraqueza moral[9]. Numa abordagem transepistemológica, os programas baseados em *mindfulness* seguem considerando o vasto conhecimento advindo da psicologia comportamental, como já mencionado , com sensível consideração da ideia de condicionamento. Na abordagem comportamental e em *mindfulness* interessa mais modificar respostas e encontrar resultados mais satisfatórios, funcionais e adaptativos[9].

Já a influência do budismo, mesmo que bastante relativa nas MBI, como dito anteriormente, desperta o sujeito para a dimensão espiritual, e conceitos como ganância e apego passam a fazer parte das discussões, assim como da vida das pessoas que são treinadas, sendo uma fonte inspiradora de libertação e alívio do sofrimento, uma vez que segundo o budismo, esses fatores constituem a base do sofrimento[9].

Muitos programas baseados em *mindfulness* integram as ferramentas da psicologia com as práticas e tradições budistas. Essas práticas essencialmente procuram proporcionar a transformação do sofrimento em paz, alegria e libertação. A compreensão do budismo em relação ao sofrimento fica bem clara nas duas primeiras das quatro "Nobres Verdades": a) o sofrimento merece ser respeitado e vale a pena ser compreendido; b) a fissura por coisas está na base do sofrimento e merece ser profundamente compreendida[24].

Na perspectiva budista, a base do sofrimento está na ignorância humana em relação à impermanência, e o apego desencadeia todos os tipos de infelicidade, gerando fissura e aversão, fenômenos naturais que precisam ser compreendidos e aceitos para que o indivíduo possa passar por mudanças[24,25].

A terceira "Nobre Verdade" nos diz da possibilidade de encontrarmos libertação do caminho que leva ao círculo do sofrimento. E a quarta considera que existe um caminho que leva ao bem-estar. *Mindfulness* está ligado a esses princípios e pretende liberar a pesssoa desse círculo vicioso, de padrões comportamentais e cognitivos que levam ao sofrimento[24,25].

Considerada como um dos maiores obstáculos na recuperação de um dependente químico, associada também ao estresse, a fissura está associada (aqui numa perspectiva biopsicossocial e ao mesmo tempo evolucionista) à "aprendizagem baseada em recompensa" (*reward-based learning*), um mecanismo que envolve reforço positivo e negativo, condicionamento operante, aprendizagem por reforço, entre outros aspectos. Numa perspectiva bastante atual, seria mais ou menos assim: nós aprendemos a lembrar onde encontramos comida, como evitamos o perigo, como checamos *e-mails* e mensagens do celular e passamos, muitas vezes, a recorrer a esses comportamentos quando estamos estressados e principalmente quando estamos vivendo no piloto automático.

Em minhas aulas pelos cursos de pós-graduação em TCC pelo Brasil sempre sou convidada a falar de "dependência química" ou "transtornos relacionados ao abuso de substância", como é hoje denominado. Isso há mais de 20 anos e sempre tenho dito aos alunos que, antes, eu falava em álcool, cocaína e crack. Mas em todos estes anos de trabalho e pesquisa simultâneos, venho acompanhando o que sempre soubemos: "*We all use drugs (almost)!*", isto é, "nós todos usamos drogas (quase todos)!", parafraseando a conferencista e pesquisadora da Universidade de Yale (EUA) Hedy Kober, PhD, no II Simpósio Internacional de Bem-Estar: Da Ciência à Vida Prática, do Hospital Albert Einstein, em São Paulo em junho de 2019.

A conferência de Kober tratava de *mindfulness* e abuso de drogas, e na maior parte do tempo a palestrante falou sobre os malefícios do abuso de *smartphones*, internet e mídia social, sendo estes hoje incluídos entre as adições comportamentais.

O comportamento de abuso de drogas, sempre muito repudiado e estigmatizado pela sociedade, avançou consideravelmente e muitos de nós hoje perdemos o controle sobre os impulsos que nos direcionam a conferir mensagens, *e-mails* e redes sociais. A semente da dependêncis química está em nós, e a fissura passa a ser reconhecida como algo muito mais familiar e presente em nossas vidas.

Os riscos e as consequências adversas do abuso de *smartphones* já são conhecidos e começam a ser retratados pela literatura científica. Judson Brewer, PhD, renomado psiquiatra e neurocientista da Universidade de Massachusetts (EUA), estudioso dos mecanismos neurais envolvidos em *mindfulness* no comportamento aditivo, ressalta que nos dias atuais a comida, os jogos eletrônicos e a mídia social tornaram a compulsão onipresente e que os paradigmas relativos ao controle cognitivo se tornaram insuficientes. Ressalta a importância das neurociências neste momento, para explicar os sistemas cerebrais centrais envolvidos no comportamento aditivo, especialmente o sistema de recompensa que se encontra nas bases do automatismo e da consequente perpetuação das adições[26]. Estamos adictos.

O mapa conceitual apresentado na Figura 1 apresenta algumas das principais bases teóricas do MBRP e resume em boa parte o que discutimos até aqui sobre o caráter transepistemológico do programa. As autoras incluíram a entrevista motivacional (EM) como uma componente influente na construção desse amplo constructo, uma vez que Miller e Rollnick[27] influenciaram gerações (e continuam influenciando) ao propor um estilo de conversa colaborativa para contextos clínicos, voltado para despertar no próprio sujeito a motivação para a mudança de um comportamento desadaptativo, especialmente quando este se encontra ambivalente, como muitas vezes é o caso de um dependente de substâncias que sofre os efeitos da dependência e ao mesmo tempo espera por seus efeitos. Trata-se de uma técnica, mas principalmente de uma postura, que o profissional adota.

EM é orientada para metas e se utiliza de uma linguagem específica voltada para mudança. Foi desenvolvida para fortalecer a motivação pessoal e o com-

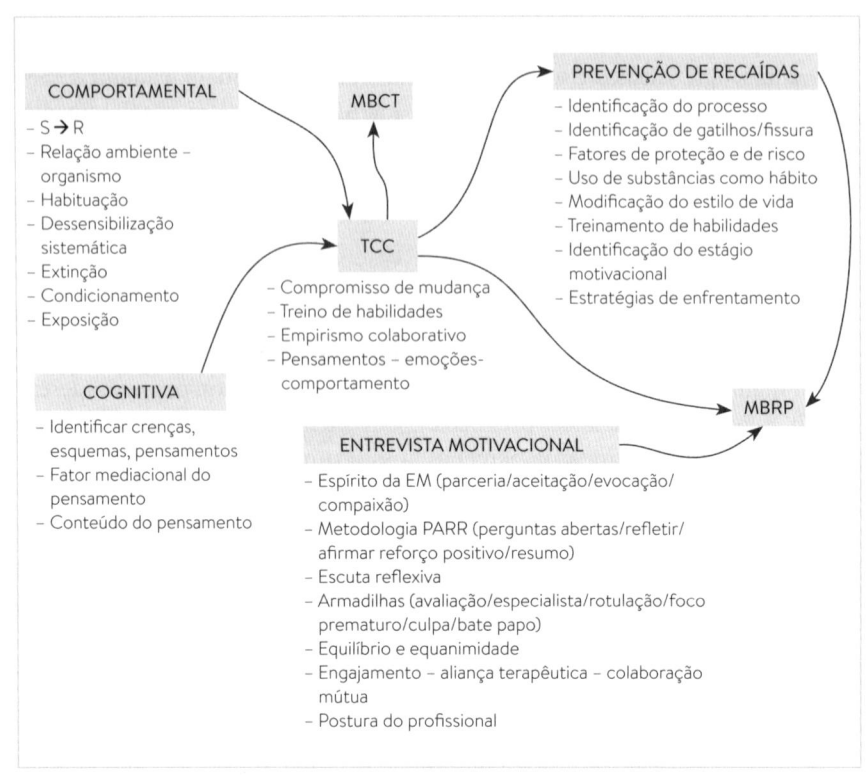

Figura 1 Mapa conceitual de Prevenção de Recaída Baseada em *Mindfulness* (MBRP).
MBCT: terapia cognitiva baseada em *mindfulness*; TCC: terapia cognitivo-comportamental. Fonte: Machado et al., 2017. Disponível em: https://mbrpbrasil.com.br/mapa-conceitual-mbrp/ (Reprodução autorizada pelas autoras).

prometimento com o objetivo específico, explorando as próprias razões da pessoa para mudança, "numa atmosfera de aceitação e compaixão"[27:29]; sem confrontos, prescrições ou imposições de pontos de vista. "As pessoas são especialistas nelas mesmas"[27:23], este é o tom da EM.

Com forte influência rogeriana[28], o modelo da EM é orientado ao paciente, oferecendo a ele, acredita-se, as condições terapêuticas essenciais para que, emcompleta liberdade, possa ser a pessoa que ele realmente é e poder escolher livremente, de modo a caminhar e crescer numa direção positiva[27,28]. Graças à familiaridade com *mindfulness*, a EM foi incluída nesse mapa, inclusive porque, ao longo dos últimos trinta anos teve forte influência no modelo da Prevenção de Recaída como um todo.

O mapa conceitual foi desenvolvido por parte da equipe do Nepsis (Núcleo de Pesquisa em Saúde e Uso de Substâncias) da Universidade Federal de São Paulo (Unifesp), onde as pesquisas sobre o MBRP são atualmente desenvolvidas no Brasil.

CONCLUSÃO

Mindfulness nos ensina uma maneira de ser que claramente nos mostra o potencial destrutivo de alguns padrões de pensamento e comportamento que adotamos e mantemos ao longo da vida. Muitos deles se tornam obsoletos e, ao serem mantidos como maneira de lidar com as adversidades, passam a desencadear sintomas, problemas e prejuízos.

Assim, *mindfulness* nos faz perceber nossas ruminações, ansiedades, fissuras, aversões e, ao mesmo tempo, por meio da aceitação e da compaixão, deixamos de travar uma batalha e seguimos podendo explorar novas alternativas e novos horizontes, com menos reatividade e menos estresse. Dessa forma, nos tornamos mais familiarizados com nossos padrões repetitivos, e o desenvolvimento da consciência plena nos permite escolher, não baseados em vieses automáticos, mas sim em necessidades genuínas reveladoras do que realmente importa no momento presente.

O modelo transdiagnóstico e transepistemológico dos programas baseados em *mindfulness* revela um esforço de clínicos e pesquisadores em compreender o sofrimento humano e ao mesmo tempo oferecer algo customizado, totalmente embasado em seus princípios e valores, orientados pelas evidências de sua própria experiência.

O discernimento nos permite a todos registrar a dor sem usar de defesas contra o desconforto, e ao mesmo tempo fazer as escolhas mais habilidosas, baseadas na ética, deixando para trás tendências que não promovam o nosso bem-estar assim como dos demais, numa perspectiva de coletividade. Dessa forma, partimos de gatilhos e busca de recompensas para o cultivo de perspectivas corajosas e compassivas diante de situações desafiadoras.

Estamos longe de nos aproximarmos de um modelo unificador da mente e certamente precisaremos integrar muitas disciplinas que combinem tratamentos e os refinem a fim de produzir os melhores resultados possíveis. Nesse momento talvez já fosse importante incluir no mapa conceitual o papel fundamental das neurociências, que vêm contribuindo bastante na compreensão de que treinamentos em *mindfulness* diminuem essencialmente comportamentos condicionados, funcionando como um "antibiótico" contra uma ampla gama de bactérias, sem identificar e focar num alvo particular, como citado por Fresco e Mennin[22].

Quando falo aqui do modelo adaptado do MBRP para a população em geral, na verdade a grande adaptação se deu no entendimento da fissura não mais como algo exclusivo dos comportamentos aditivos (apesar de se tornarem mais evidentes neles), mas sim em todos nós que experimentamos forte desejo de reagir de forma automática em diversas situações cotidianas. Outro aspecto universal ligado ao sofrimento humano e que os programas baseados em *mindfulness* têm um poder muito grande de atuação, é o das ruminações, que alimentam as cadeias ou espirais disfuncionais. Essencialmente, esses dois aspectos, fissura e ruminação, estão na base do adoecimento mental, de uma maneira geral. Conseguindo atuar sobre eles de forma consciente (*awareness*), o resultado estará ligado à disponibilização de um arsenal maior de respostas ligadas à promoção de saúde e equilíbrio mental, com círculos virtuosos que tendem a se manter com o treino de práticas formais e informais de *mindfulness*.

Vários programas baseados em *mindfulness* estão disponíveis e o terapeuta pode se especializar em algum deles. De meu ponto de vista, no entanto, nestes dez anos que venho pesquisando e clinicando nessa linha de abordagem, vejo que mais importante do que realizar todos os cursos e formações disponíveis é aprimorar cada vez mais as práticas pessoais do instrutor, em retiros e na manutenção das práticas diárias, além da troca de experiência com colegas e supervisores experientes e desenvolvimento cde pesquisa, uma vez que se trata de uma ferramenta ainda muito pouco explorada pela ciência.

Levar *mindfulness* ao contexto de atendimentos clínicos individuais também só é possível com instrutores devidamente treinados e certificados, pois na verdade consiste em uma mudança de paradigma e não somente em uma técnica adicional para o ferramental da TCC. Uma vez treinado e certificado para atuar, o terapeuta passa a intervir com seu paciente dentro dessa perspectiva; algumas vezes convidamos o paciente para o treinamento formal, outras vezes não. Algumas vezes também realizamos um treinamento breve em consultório, porém cientes da perda que isso representa, uma vez que a convivência e a troca com o grupo trazem uma nova dimensão ao processo.

Universidades de renome vêm desenvolvendo novos protocolos de pesquisa para testar versões on-line de programas baseados em *mindfulness*, visando facilitar a disseminação e o acesso, atravessando barreiras geográficas e atuando de forma preventiva inclusive.[29] Do mesmo modo, vem sendo testada a disponibilização dos programas de forma permanente e aberta, em vez de somente em grupos fechados como os de oito semanas convencionais.[30] O Espaço Terapêutico Isabel Weiss já vem disponibilizando grupos abertos de *mindfulness* desde 2017, a partir da demanda das próprias pessoas que começaram a ser treinadas e sentiram necessidade de um momento para convivência no grupo e manutenção das práticas. Este grupo é quinzenal e se mantém e após o término do grupo de oito semanas, quando todos são convidados a participar. Tudo isso certamente servirá de material para nossas próximas publicações.

📚 REFERÊNCIAS BIBLIOGRÁFICAS

1. Chiesa A, Malinowski P. Mindfulness-based approaches: are they all the same? J Clin Psychol. 2011;67(4):404-24.
2. Rabten G. The mind and its functions. Batchelor S, editor. Le Mont-Pèlerin: Editions Rabten Choeling; 1992.
3. Kabat-Zinn J. Mindfulness-based interventions in context: past, present, and future. Clin Psychol Sci Pract. 2003;10(2):144-56.
4. Nyaniponika T. The heart of buddhist meditation. New York: Weiser Books; 1973.
5. Analayo B. Satipatthana: the direct path to realization. Birmingham: Windhorse; 2003.
6. Chambers R, Gullone E, Allen NB. Mindful emotion regulation: an integrative review. Clin Psychol Rev. 2009;29(6):560-72.
7. UK Network of Mindfulness-Based Teacher Trainers. Good Practice Guidance for Teaching Mindfulness-Based Courses [Internet]. 2010 [citado 24 julho 2019]. Disponível em: https://www.bangor.ac.uk/*mindfulness*/documents/MBA%20teacherGPG-Feb%2010.pdf.
8. Baer R, Kuyken W. Is mindfulness safe? [Internet]. Oxford; 2016 [citado 28 julho 2019]. Disponível em: http://oxford*mindfulness*.org/news/is-*mindfulness*-safe/.
9. Fulton PR, Siegel RD. Psicologia budista e psicologia ocidental: buscando pontos em comum. In: Germer CK, Siegel RD, Fulton PR, editors. Mindfulness e psicoterapia. Porto Alegre: Artmed; 2016. p. 37-58.
10. Narayanan G, Naaz S. A transdiagnostic approach to interventions in addictive disorders– third wave therapies and other current interventions. Indian J Psychiatry. 2018;60(Suppl 4):S522-S528.
11. Weiss de Souza IC. Avaliação da efetividade do programa de Mindfulness-Based Relapse Prevention (MBRP) como estratégia adjunta ao tratamento da dependência de tabaco [tese de doutorado]. [São Paulo]: Universidade Federal de São Paulo; 2016.
12. Tully EC, Iacono WG. An integrative common liabilities model for the comorbidity of substance use disorders with externalizing and internalizing disorders. In: Sher KJ, editor. Oxford library of psychology The Oxford handbook of substance use and substance use disorders. New York: Oxford University Press; 2016. p. 187-212.
13. Hanley AW, Garland EL. Mindfulness training disrupts Pavlovian conditioning. Physiol Behav. 2019;204:151-4.
14. Feldman C, Kuyken W. Mindfulness: ancient wisdom meets modern psychology. New York: The Guilford Press; 2019.
15. Hsiao Y-Y, Tofighi D, Kruger ES, Lee Van Horn M, MacKinnon DP, Witkiewitz K. The (lack of) replication of self-reported mindfulness as a mechanism of change in Mindfulness-Based Relapse Prevention for Substance Use Disorders. Mindfulness. 2019;10(4):724-36.
16. Lemgruber V. Psicoterapia focal: o efeito carambola. Rio de Janeiro: Revinter; 1995.
17. Garland EL, Howard MO. Mindfulness-based treatment of addiction: current state of the field and envisioning the next wave of research. Addict Sci Clin Pract. 2018;13(1):14.
18. Bowen S, Chawla N, Marlatt GA. Prevenção de recaída baseada em *mindfulness* para comportamentos aditivos: um guia para o clínico. Rio de Janeiro: Cognitiva; 2015.
19. Pires FBC, Lacerda SS, Balardin JB, Portes B, Tobo PR, Barrichello CRC, et al. Self-compassion is associated with less stress and depression and greater attention and brain response to affective stimuli in women managers. BMC Womens Health. 2018;18(1):195.

20. Spinhoven P, Klein N, Kennis M, Cramer AOJ, Siegle G, Cuijpers P, et al. The effects of cognitive-behavior therapy for depression on repetitive negative thinking: a meta-analysis. Behav Res Ther. 2018;106:71-85.

21. Kuyken W, Hayes R, Barrett B, Byng R, Dalgleish T, Kessler D, et al. The effectiveness and cost-effectiveness of mindfulness-based cognitive therapy compared with maintenance antidepressant treatment in the prevention of depressive relapse/recurrence: results of a randomised controlled trial (the PREVENT study). Health Technol Assess Winch Engl. 2015;19(73):1-124.

22. Fresco DM, Mennin DS. All together now: utilizing common functional change principles to unify cognitive behavioral and mindfulness-based therapies. Curr Opin Psychol. 2018;28:65-70.

23. Pombo O. Epistemologia da interdisciplinaridade. Ideação. 2010;10(1):9-40.

24. Witkiewitz K, Bowen S, Harrop EN, Douglas H, Enkema M, Sedgwick C. Mindfulness-based treatment to prevent addictive behavior relapse: theoretical models and hypothesized mechanisms of change. Subst Use Misuse. 2014;49(5):513-24.

25. Nhất Hạnh T. The heart of the Buddha's teaching: transforming suffering into peace, joy & liberation: the four noble truths, the noble eightfold path, and other basic Buddhist teachings. New York: Broadway Books; 1998. 292 p.

26. Brewer J. Mindfulness training for addictions: has neuroscience revealed a brain hack by which awareness subverts the addictive process? Curr Opin Psychol. 2019;28:198-203.

27. Miller WR, Rollnick S. Motivational interviewing: helping people change. 3rd ed. New York: Guilford Press; 2013. 482 p. (Applications of motivational interviewing).

28. Rogers CR. Counseling and psychotherapy. Boston: Houghton Mifflin; 1942.

29. Ritvo P, Daskalakis ZJ, Tomlinson G, Ravindran A, Linklater R, Kirk Chang M, et al. An online mindfulness-based cognitive behavioral therapy intervention for youth diagnosed with major depressive disorders: protocol for a randomized controlled trial. JMIR Res Protoc. 2019;8(7):e11591.

30. Roos CR, Kirouac M, Stein E, Wilson AD, Bowen S, Witkiewitz K. An open trial of rolling admission mindfulness-based relapse prevention (Rolling MBRP): feasibility, acceptability, dose-response relations, and mechanisms. Mindfulness. 2019;10(6):1062-73.

11

Perspectivas

Isabel C. Weiss de Souza

 Terapeutas que provaram a alegria serena ensinam de forma implícita a seus pacientes que a felicidade pode surgir apesar das condições de nossas vidas – que podemos viver mais plenamente, aqui e agora, em meio a nossos inevitáveis desafios.
Paul R. Fulton, 2016

Considero um desafio falar, aqui, de perspectivas deste casamento da terapia cognitivo-comportamental (TCC) com *mindfulness*, especialmente no Brasil, onde estas práticas consideradas de terceira geração estão só começando. Contudo, alguns pontos certamente podem ser considerados, pois já estão muito bem descritos na literatura internacional.

Diferentemente talvez de tudo que estudamos e praticamos na clínica da TCC até então, um terapeuta instrutor de *mindfulness* precisa ser um praticante de *mindfulness*, um meditador de longa data, alguém que já esteja trilhando o caminho e possa reconhecer os desafios e benefícios da jornada. Apresentar-se como um instrutor sem ter sua própria prática sedimentada seria o mesmo que se oferecer como guia do Monte Everest sem nunca passado por ele. Seria como ter estudado muito sobre aquelas montanhas, saber tudo sobre sua formação, estrutura, riscos e belezas, mas sem nunca ter percorrido de fato o caminho.

O estudo, as leituras, pesquisas e cursos de formação são essenciais, mas não suficientes. Não substituem a necessidade de o próprio instrutor ser alguém que percorre constantemente a "trilha" e reconhece seus atalhos, seus benefícios e seus maiores desafios como praticante. Outro ponto relevante é que o instrutor normalmente medita junto com os seus alunos, e isso faz toda a diferença no momento da instrução. Muitas vezes nossos pacientes nos dizem que não se identificam com as vozes dos instrutores de alguns aplicativos e CDs que acompanham alguns livros. Isso se deve provavelmente ao tom mecânico que aquela prática ali guiada apresenta.

Esta é outra característica bastante peculiar de um terapeuta de terceira geração: ele se "mistura" com seus pacientes durante os treinamentos, que são vivenciais, e obviamente o próprio terapeuta passa por transformações a cada sessão de grupo que conduz. Muitas vezes, as impressões e experiências do terapeuta são ali compartilhadas, e é importante que este se sinta completamente à vontade para isso.

Viemos de uma tradição psicanalítica em nosso país em que o psicanalista não podia sequer andar pela mesma calçada que o seu paciente ou dividir o mesmo espaço de um elevador por alguns segundos (creio que isso hoje tenha mudado sensivelmente!). E partimos para direções mais horizontalizadas, no sentido de compartilhamento de experiências e de mútua influência.

Nesse sentido, a partir do momento em que sugerimos ao nosso paciente que participe de nossos treinamentos em *mindfulness*, uma nova relação se estabelece. Venho vivenciando essa experiência, e esse poder transformador do *mindfulness* só veio acrescentar e enriquecer meu trabalho.

Este é mais um motivo para que o terapeuta de terceira geração se mantenha trabalhando em sua própria psicoterapia, mantenha suas práticas diárias de meditação, participe de retiros regularmente, integre grupos de trabalho em que possa trocar experiências com colegas mais experientes e tenha seu supervisor principalmente nos primeiros anos de trabalho na linha.

Minha experiência foi de dar início ao treinamento de pacientes dois anos após ter recebido meu treinamento formal e minha certificação para atuar na clínica (primeiro módulo da formação). E neste momento realizei um piloto da pesquisa de meu doutorado, iniciando o processo de adaptação do programa Prevenção de Recaída Baseada em Mindfulness (*Mindfulness-Based Relapse Prevention* – MBRP) para o Brasil no Sistema Único de Saúde (SUS). Essa experiência do piloto encontra-se publicada[1].

Em nosso país, pensar em intervenções que se apliquem ao SUS é fundamental, pois é por meio desse setor que a maior parte da população tem acesso a tratamentos de saúde. Na psicologia, viemos de uma tradição de consultórios particulares; no entanto, cada vez mais as ferramentas de saúde mental precisam ser pensadas e testadas na comunidade, onde os profissionais possam contar com instrumentos eficazes, eficientes, implementáveis e que, além disso, sejam passíveis de disseminação, a fim de que esses recursos se tornem, progressivamente disponíveis e possam ser replicáveis e avaliados de forma sistemática[2].

Somente depois de discutir essa experiência do piloto com minha equipe de pesquisa e minha supervisora, Sarah Bowen, PhD, uma das idealizadoras do programa, é que partimos para formar o grupo de pacientes sujeitos de minha pesquisa do doutorado.[3] Foram vários grupos, e somente depois de testarmos, avaliarmos e até mesmo publicarmos alguns resultados, é que parti para uma terceira etapa, que foi levar *mindfulness* para meu consultório, junto a pacientes que sofrem de depressão, ansiedade, transtorno bipolar, compulsões etc. Nesse momento fui muito estimulada por uma amiga psiquiatra, colega de consultório, Dra. Raquel Porto David, que já reconhecia na literatura que as práticas de *mindfulness* poderiam oferecer um poderoso auxílio no tratamento dos nossos pacientes e que ofereceu um incentivo muito importante para que começássemos a disponibilizar o treinamento.

Naquele momento, formei os primeiros grupos de meu Espaço Terapêutico com colegas de trabalho, psiquiatras, clínicos, psicólogos e nutricionistas que se interessaram pela abordagem. Imediatamente à abertura das inscrições, formamos quatro grupos de pessoas que aguardavam com curiosidade pelo treinamento, pois se tratava do primeiro em nossa cidade e da primeira experiência de todas elas com o *mindfulness*.

E somente depois de aplicar a versão adaptada do MBRP a essas pessoas é que comecei a abrir os grupos para os pacientes. A experiência com esses colegas de trabalho que se submeteram também foi essencial, pois me permitiu mais uma vez testar e confirmar os amplos benefícios, independentemente da demanda que levou cada um a buscar o treinamento. Além disso, o *feedback* desses colegas foi a pedra de toque, pois sendo a maioria deles profissionais da área, contribuíram muito com suas observações e incentivo. Uma das principais sugestões desse grupo foi da abertura do que denominamos de Grupo de Manutenção.

A "Manutenção", como carinhosamente chamamos o grupo, começou em junho de 2017 e se mantém, composta de pessoas que concluíram o treinamento de oito semanas e que querem continuar contando com um grupo quinzenal (conforme já mencionado neste livro) para praticar meditação e trocar ideias a respeito de *mindfulness* em suas vidas diárias. Esse grupo é aberto, ou seja, a qualquer momento podem ingressar novos componentes, e não existe um compromisso de frequência, o que faz com que o participante se sinta livre em participar.

E vemos agora na literatura referência a essa abertura nos grupos de *mindfulness*. A própria Sarah Bowen, que um dia me questionou curiosa sobre qual o papel da Manutenção, publicou um artigo recentemente com seu grupo de trabalho falando dessa perspectiva. Em ensaio clínico aberto não randomizado, eles testaram o que chamaram de *rolling* MBRP entre 109 pacientes adultos que procuraram tratamento residencial para abuso de substâncias, em um formato aberto de grupo que procurava engajar pacientes novos com participantes antigos, adequando o protocolo de uma forma que os novos conseguiam acompanhar a proposta do MBRP. Testaram viabilidade, aceitabilidade, dose-resposta e mecanismos envolvidos. Os resultados do estudo confirmaram viabilidade, aceitabilidade por parte dos pacientes e permitiram testar uma metodologia que se mostrou viável e eficaz nesse formato mais flexível, além de ter mais uma vez confirmado que a prática de *mindfulness* (formal e informal) é um mecanismo chave no processo de recuperação dos pacientes, especialmente diminuindo a fissura e potencializando a saúde mental[4].

NOVAS PERSPECTIVAS, MÚLTIPLAS INFLUÊNCIAS

Durante o período de minha pesquisa do mestrado na Universidade Federal de Juiz de Fora (UFJF), enquanto participava como professora e coordenadora do módulo de Aconselhamento Motivacional e Intervenções Breves da capacitação de profissionais de saúde (essencialmente médicos, enfermeiros e assistentes sociais) da Atenção Primária à Saúde (APS), no Centro Regional de Referência sobre Drogas (CCRR-UFJF), oferecia treinamento em Entrevista Motivacional (citada no capítulo anterior como componente do mapa conceitual do MBRP) aos profissionais que vinham habituados ao modelo convencional de assistência na prevenção ao uso abusivo de drogas.

Entre tantas conversas e debates, um aspecto que ficou marcado para mim foi quando apresentei à turma uma vinheta de caso clínico do próprio livro *Entrevista motivacional*[5], na qual o médico fazia uma intervenção de caráter aberto e reflexivo, orientando um paciente dependente de substâncias sobre alternativas comportamentais diante de um desafio específico, e terminava a frase dizendo: "E então, que tal lhe parecem estas alternativas?"

Um dos alunos, um médico que assentava à frente e era muito participativo nas aulas, se assustou e me disse: "Nunca conseguiria intervir desta forma!" Questionado sobre qual seria exatamente a dificuldade, me disse que estava acostumado a prescrever medicamentos e comportamentos, do tipo "não fume, não beba, faça dieta e se exercite!". Sendo um médico da Atenção Primária, imaginei que sua principal demanda de pacientes seria de portadores de diabetes e hipertensão. Questionei se os pacientes dele costumavam atender prontamente a essas suas prescrições. Claro que ele me disse que não e que, na verdade, estas são as maiores dificuldades: as mudanças de hábitos e comportamentos.

Compreendi e concordei com o aluno quanto ao fato de que fazer uma intervenção aberta lhe parecia novo, mas que na verdade, tratando-se de comportamento humano, é sempre o paciente que escolhe o que vai fazer, quer o médico considere isso ou não. A postura do profissional na entrevista motivacional (EM) favorece a autonomia em seu processo de mudança. Na verdade, seu paciente com diabetes ou hipertensão já fazia isso: já escolhia, e uma prescrição direta não personalizada talvez só apresentasse efeito para aqueles que já chegassem motivados à mudança no ambulatório.

O espírito da EM é exatamente este: auxiliar a evocar na própria pessoa sua motivação para a mudança e não a aplicação de uma técnica nesse sentido. Seria como "assentarem juntos no sofá enquanto a pessoa passa as páginas de um álbum de fotografia de sua vida"[5,16]. Você (terapeuta) está diante do maior especialista na própria vida, o paciente. O terapeuta é alguém que escuta generosamente, numa postura de parceria e não de alguém que impõe ou analisa pontos de vista.

Acima de tudo, aceitação – estimulando a autonomia do sujeito a partir da valorização de seu potencial, que muitas vezes é desconhecido dele mesmo. A relação estabelecida aqui é de confiança incondicional, sem julgamento, que liberte o indivíduo das próprias cobranças e críticas a partir da ausência de imposição de pontos de vista, mas, ao contrário, a partir da valorização da bagagem que trouxe o paciente até ali, a fim de utilizá-la como material para exploração curiosa, como uma criança que se dispõe a aprender a cada momento.

As terapias cognitivo-comportamentais (ou terapias comportamentais) de terceira geração baseiam-se nessas premissas, e esta nova perspectiva terapêutica a partir do arsenal do próprio paciente e que considera o terapeuta como um catalisador, e não como aquele que detém o saber, muda completamente o cenário do cuidado, que passa a ser colaborativo. Influenciados pela visão rogeriana (Carl Rogers), na EM considera-se que quando as condições terapêuticas essenciais são garantidas, as pessoas naturalmente crescem numa direção positiva, sendo este um olhar contrastante com a visão freudiana, que acreditava que as pessoas estivessem fundamentalmente em busca de um prazer autocentrado, sendo dirigidas e formatadas por um inconsciente obscuro[5].

A colaboração e a coparticipação na construção de sentido, sendo ambos observadores do que está acontecendo naquele momento, paciente e terapeuta (inclusive com o próprio terapeuta se revelando), tem sido uma forte tendência nas últimas décadas. Lembro-me de uma paciente uruguaia de 67 anos que recebi certa vez no meu consultório e, que após ter passado por muitos anos de psicanálise em seu país de origem, mudou-se para o Brasil e buscou psicoterapia comigo. A todo momento, minhas intervenções eram precedidas pelo pronome "nós", e os verbos conjugados me incluíam nas reflexões. Incomodada, ela me disse: "Estranho a forma como você fala...". Não compreendi bem, achei que falava de meu português; no entanto, ela prosseguiu: "Você fala na primeira pessoa do plural; não estou acostumada, isso me parece estranho... prefiro acreditar que meu analista não tem problemas...".

A evolução de minha prática pessoal da psicanálise para a TCC, e mais adiante na terceira geração, em três décadas, levou-me a não somente trabalhar no presente, mas também a experimentar de uma forma muito confortável a maior proximidade com os pacientes mediante a possibilidade de me revelar (*self disclosure*) numa relação de mão dupla e ao mesmo tempo vivenciar a reserva necessária para priorizar o paciente naquele encontro. Essa proximidade acontece no que tange à humanidade, e não necessariamente naquilo que é do âmbito privado; há um compartilhamento das humanidades, como sempre digo, dificuldades e desafios aos quais somos todos sujeitos e assujeitados.

A autorrevelação claramente tem limites. Por exemplo, pacientes com transtornos de personalidade e pacientes com sintomas graves poderão se sentir invadidos ou até mesmo persuadidos. Então é importante fazer essa distinção inclusive nos grupos. Mas o terapeuta que caminha para a autorrevelação e se torna mais eclético com o tempo (como já comentado neste livro), agregando experiência, vivência e bagagem teórica, transforma o ambiente tornando-o efetivamente compartilhado e ao mesmo tempo respeitando o momento e o estilo de cada paciente.

Especialmente nos grupos de *mindfulness*, que não são psicoterapêuticos, mas são vivenciais, o que se compartilha ali é algo da mais alta intimidade, pois estamos nos familiarizando com nossas experiências internas, e muitas vezes nos esbarramos com a emoção de uma forma única, sendo portanto o que denomino de informação privilegiada, que pode levar a verdadeiros *insights*. Mesmo que o colega ao lado não saiba nada sobre seu passado, problemas de vida atuais ou projetos de futuro, ele está compartilhando com você daquele momento de descoberta tão rico, algo precioso que diz respeito a como você está se sentindo naquele momento.

Como diria Farber, você terapeuta também já não consegue mais não ser você mesmo a partir do momento em que se revela e compartilha. Isso vai refletir até mesmo na forma como o terapeuta se posiciona, se veste, se mostra. Vivencio exatamente isso nos últimos anos, de querer estar com o paciente à vontade, sem enfeites ou formalismos. O salto alto e a maquiagem já não têm mais lugar. Já há muito tempo adepta da malha, do chinelo, do tênis, ou seja, daquilo que realmente me permita ser e estar, assim como adotamos nos treinamentos de *mindfulness*.

No mundo atual, a revelação do terapeuta tem sido a mais forte tendência (*hot topic*, segundo Farber). O modelo tradicional via o momento da sessão como o momento da revelação do paciente, e essa dinâmica vem mudando. Intersubjetividade e apego são parte essencial do trabalho, respondendo quase que naturalmente à avalanche de sentimentos de anonimato, à falta de senso de comunidade e à falta de pessoalidade numa "cultura de shopping center", como diria Farber, na qual se despertou a "fissura para maiores informações pessoais sobre o outro"[1,7]. Não somente modelos de abordagem vêm mudando, como também o espaço físico das clínicas de psicoterapia, que passaram a adotar uma aparência de casa, servindo cafezinho com bolo de modo a inspirar intimidade, oferecendo outras modalidades em grupos cujo foco de trabalho não é mais sexualidade ou coisas do gênero, mas principalmente sentimentos de solidão e isolamento, bem como a forma como simbolizamos a nossa relação com as pessoas, nas mais diferentes faixas etárias.

Sabemos que a invasão da tecnologia e da internet em nossas vidas facilitou muita coisa, mas vem influenciando o comportamento de uma forma nunca antes vista, provocando um verdadeiro colapso, substituindo relações pessoais por trocas de mensagens impessoais e fazendo que o espaço para a autorrevelação seja cada vez mais escasso em uma internet (principalmente, nas redes sociais) em que não se lê nada que supere duas linhas, com mensagens de áudio de mais de 20 segundos sendo mal vistas. O antigo telefone celular que hoje virou computador de bolso e quase não realiza mais telefonemas mimetizou conexões, quando na verdade o que vem imperando, nos dias atuais, é o sentimento de solidão e incompreensão.

O modelo tradicional de imparcialidade na psicoterapia (principalmente psicodinâmica) poderia gerar nos tempos atuais um sentimento ainda maior de solidão[1]. É um paradoxo: cada vez mais precisamos de um espaço privado para poder nos orientar e autorregular, mas cada vez mais precisamos sentir e desfrutar de um espaço coletivo de intimidade que nos permita experimentar e reconhecer no outro o que há em nós. Essa revelação gera sentimentos de pertencimento e geralmente favorece muito a recuperação de problemas psicológicos e psiquiátricos.

Nos grupos, é bastante comum que os participantes declarem um conforto muito grande quando escutam do outro sobre algo que também lhes é peculiar, mas que antes era sentido como estranho. Uma intimidade genuína é gerada nessas revelações e na reciprocidade, que por sua vez produzem sentimentos de segurança na exploração da experiência no grupo, que aproxima a cada um que se dispõe a vivenciá-la, criando uma aproximação de suas reais necessidades, sem negociações.

O instrutor de *mindfulness* em psicoterapia está ali para estimular e proporcionar o desenvolvimento dessa familiaridade com o mundo interno, com seus padrões de comportamento, sentimento e pensamento. No entanto, ele é parte integrante desse grupo, dessa comunidade, e é preciso que tenha muita experiência na condução de grupos, justamente porque implica um momento delicado de revelação, a fim de equilibrar essa forma de se mostrar sempre priorizando o espaço do paciente, do participante. Por isso, o terapeuta tem de estar com seu dever de casa cumprido, pois estamos também submetidos ao momento atual e suas adversidades, e o encontro com pessoas que se agrupam e se dispõem a vivenciar um momento de revelações também lhe parece acolhedor, mas suas questões pessoais devem ser resolvidas em sua própria terapia pessoal.

Coadjuvante participativo que compartilha experiências e vivências universais, mas que tem em sua terapia pessoal e em seus retiros de meditação o momento para trilhar e se desenvolver pessoalmente, a fim de poder efetivamente estar em dia com suas demandas, ou ao menos consciente delas e comprometido com sua própria felicidade de forma serena. Aceitando aquilo que não consigo mudar (meus limites), reconhecendo minha força e meus talentos e colocando-os a serviço de mim e de terceiros. O grupo é entrega, assim como as sessões de psicoterapia também são; no entanto, existe um esforço empreendido no grupo por parte do terapeuta que é grande e diz respeito à manutenção da privacidade ao mesmo tempo em que acontecem as revelações.

Jourard[6] chegou a acreditar que a autorrevelação era fundamental para a saúde mental de um indivíduo e um pré-requisito para satisfazer as relações com os outros. De fato, ele sugeriu que não apenas a saúde mental estava condicionada à autorrevelação, mas que a doença mental resultava de sua ausência: "Quando conseguimos esconder nosso ser dos outros, tendemos a perder o contato com nosso verdadeiro eu." Falando sobre perspectivas em psicoterapia, não podemos deixar de frisar a autorrevelação como a grande tendência, não mais exclusividade do paciente, mas de um terapeuta presente e atuante, que generosamente compartilha seus desafios e aprendizados.

O Brasil é uma grande mistura de culturas, raças e tradições, e ser um terapeuta de TCC e instrutor de *mindfulness* aqui tem suas especificidades. Seguir um manual norte-americano ou inglês no nosso país certamente vai demandar adaptações. A fala, o acolhimento e o compartilhamento fazem parte do processo e são muito bem recebidos pelos pacientes. O sucesso da TCC e a rápida absorção dos programas baseados em *mindfulness* no país não foram gratuitos, uma vez que são ferramentas de tratamento e promoção de saúde que permitem a troca de forma singular.

No livro *CBT in Non-Western Cultures*, publicado nos Estados Unidos em 2011* publiquei um capítulo denominado *CBT in South America: Cognitive behavioural therapy in Brazil* ("TCC na América do Sul: terapia cognitivo--comportamental no Brasil")[2], a convite do pesquisador e terapeuta cognitivo-comportamental paquistanês Farooq Naeem, PhD, quem me concedeu a

---

* Em tradução literal, o título da obra seria "Terapia cognitivo-comportamental em culturas não ocidentais", mas no caso o termo "não ocidental" engloba as culturas de todos os países fora dos Estados Unidos.

honra de contribuir com o prefácio. Dr. Farooq dedica sua carreira de pesquisador (atualmente na Universidade de Toronto) à adaptação do protocolo de TCC fora do contexto onde ele nasceu, os países desenvolvidos. Atualmente, ele pesquisa sobre isso nos países da África e temos interesse comum em continuar pesquisando sobre essas adaptações. Ater-se aos protocolos de forma cega, deixando o tempero brasileiro de fora, certamente deixaria de lado nosso diferencial. Em 2011, quando participei do retiro de MBRP em Rochester, nos Estados Unidos, passei por duas experiências muito emocionantes. A primeira delas foi quando ao final do treinamento a instrutora (Sarah Bowen) sugeriu que cada aluno participante conduzisse uma prática no grupo, como parte da formação profissional. Para mim foi direcionada a prática da Bondade Amorosa (*loving-kindness*)[5]. Éramos cerca de dez alunos, entre brasileiras (éramos duas, Viviam Vargas e eu – ela foi atendendo ao meu convite de contribuir como coterapeuta no meu estudo, mas acabou que tomou outros rumos), franceses, americanos, canadenses, suecas, ingleses, entre outros. Pedi licença à Sarah para conduzir em minha língua de origem, justificando que não me sentiria espontânea ao conduzir em outra língua uma prática que fala de amizade, perdão e compaixão, no que fui prontamente atendida. Após conduzir Bondade Amorosa em português, a emoção tomou conta do grupo e cada participante guiou em seguida na sua língua de origem.

A segunda emoção, que tem a ver com as perspectivas do casamento da TCC com *mindfulness* no Brasil, foi quando ao término dos seis dias de retiro em Rochester, no refeitório, enquanto aguardávamos o *shuttle* que nos levaria ao aeroporto, onde cada um seguiria seu rumo, nos levantamos (as brasileiras) e saímos abraçando e nos despedindo do grupo, que aguardava assentado. Nunca vou me esquecer dos olhares surpresos e dos colegas se levantando e abraçando fortemente, o que nos levou a todos ao choro de emoção.

Tendo sido formada por instrutores americanos e ingleses, fora do país, reconheço bem claramente a diferença, a qual atribuo à cultura. O instrutor de *mindfulness*, especialmente no momento do questionamento (*inquiry*) que segue cada prática treinada, adota uma postura de imparcialidade no sentido de não interferir, porém de redirecionar cada interação para a descrição da experiência direta do momento presente (sensações do corpo, pensamentos ou emoções), em contrapartida à tendência que muitas pessoas trazem de contar histórias e fazer conexões a partir do que vivenciou na meditação.

Não cabe nesse momento a interpretação ou análise do que foi vivenciado. Sempre direcionando para a experiência atual, o processo do questionamento conduzido pelo instrutor visa auxiliar o paciente na diferenciação entre a experiência direta (geralmente sensações e emoções) e o desencadear de reações à experiência, como histórias e julgamentos. Essas reações são consideradas nossas "adições". O treino de trazer a consciência para o momento presente e para o que é, em vez de deixar a mente vaguear entre histórias e conexões, semeia a não reatividade e promove um grande alívio do sofrimento[5].

Essa postura do instrutor que inspira respeito à experiência do paciente (ou do aluno) que recebe o treinamento é mesclada com carinho e acolhimento, decorrentes de uma bagagem de terapeutas que tiveram sua formação neste país multifacetado e transcultural que é o Brasil. Muitas vezes escuto de meus alunos de pós-graduação a frase: "Como é libertador ouvir a sua experiência como terapeuta cognitivo-comportamental, pois você consegue levar leveza e identidade ao protocolo da TCC!" Hoje, tendo sido convidada a escrever este livro por um dos maiores ícones da TCC no país, Dr. Cristiano Nabuco, e tendo sido estimulada por ele e pela amiga Dra. Elisa Kozasa, neurocientista do Hospital Albert Einstein, a contar minha história, digo que o terapeuta comportamental instrutor de *mindfulness* neste país é eclético.

E para finalizar esta etapa de falar sobre as perspectivas, me remeto a mais uma experiência pessoal. Certa vez, atendi uma psicóloga brasileira que morava nos Estados Unidos há mais de 25 anos e veio fazer uma visita à família no Brasil, tendo sofrido uma reagudização de seus sintomas de depressão por aqui em suas férias, e ela me disse pouco antes de retornar aos Estados Unidos: "Que pena que não conseguirei um terapeuta cognitivo brasileiro por lá... vocês somam a formação psicanalítica da faculdade a toda esta bagagem com a TCC e isso desenvolve uma escuta e uma atuação muito diferenciada."

TCC e *mindfulness* formam um casamento harmônico. O treino da experiência direta vivenciado na meditação por meio do questionamento do instrutor, aliado ao reconhecimento de padrões de vulnerabilidades específicas (como ansiedade, depressão, compulsões etc.), abre clarões numa mata antes cerrada, além de gerar a possibilidade de fazer novas conexões e novos aprendizados por meio da TCC. O caminho parece ser percorrido com mais rapidez, e muitas vezes nossos pacientes que realizam o treinamento no momento certo (assintomáticos) não sentem mais necessidade de retornar ao tratamento de TCC, o que muito nos gratifica!

Mindfulness tem uma dimensão ética forte: escolher deixar padrões e tendências que não promovam o bem-estar nosso e dos outros. É nessa perspectiva que torcemos para que essa linha de trabalho caminhe cada vez mais, em contrapartida a uma forte tendência de individualismo e de se pensar em vantagens econômicas (o que nos leva a ver muitas vezes a associação de *mindfulness* ao aumento da produtividade, independentemente da coletividade). *Mindfulness* não tem agenda; é simples conhecimento, iluminando o mundo, com seus cheiros, cores, sons, gostos, caminhos diversos, orientados pelo presente.

Contemplação não tem agenda; trocamos nossas varandas (agora acopladas às salas) e as nossas salas de visita (agora *home theater*) pela área gourmet (ligadas ao prazer imediato), como diria um paciente meu que é arquiteto.

Concluindo...

O modelo de terceira geração da TCC baseado em *mindfulness* está em construção em nosso país. É tudo muito recente e ainda merece cautela nesse processo de adaptação.

- Diferentemente de tudo que estudamos de TCC até aqui, para lançar mão da ferramenta de *mindfulness*, que é ao mesmo tempo uma prática, um estado e um traço, o instrutor precisa ter sua prática sedimentada e estar imbuído da ideia, do constructo, em sua própria vida pessoal.
- A autorrevelação por parte do terapeuta em psicoterapia se tornou *hot topic* nos últimos anos, e isso se deve em muito à massificação sofrida pelo efeito das mídias sociais e do abuso da tecnologia como um todo, que mimetizou o contato social, tornando a relação terapêutica privilegiada, um espaço de encontro. Os treinamentos de *mindfulness* são espaços de autorrevelação no que tange às humanidades, aproximando terapeutas e clientes.
- O ecletismo do terapeuta experiente é inevitável e aconselhável, uma vez que torna possível disponibilizar ao paciente de forma coerente e responsável toda sua bagagem de conhecimento adquirido em sua vida. Esse fenômeno natural, se conduzido de forma consciente e a favor do paciente, proporciona a adaptação de uma ferramenta terapêutica para uma realidade específica, tanto do ponto de vista cultural quanto das características de cada pessoa.
- O modelo da TCC com *mindfulness* sofre muitas influências. O modelo proposto pela entrevista motivacional (EM) se afina em grande parte, a começar pelo fato de que não é uma técnica que se aplica, mas uma postura que se adota, postura esta não diretiva e centrada no cliente. E, também, por sua premissa básica, que é o interesse genuíno na compreensão do que acontece a partir da perspectiva do cliente, baseado em sua sabedoria prexistente.
- Os avanços e adaptações das terapias comportamentais tradicionalmente são avaliados em pesquisas. Com *mindfulness* não tem sido diferente, e as perspectivas são boas após os primeiros 30 anos, desde os estudos sobre dores crônicas e estresse. No entanto, trata-se de um campo jovem de pesquisa e mais estudos são necessários para elucidar tanto os desfechos clínicos como os mecanismos envolvidos, assim como também qual a dosagem e qual a melhor maneira de integrar não somente princípios de atenção e metacognição, como também sua relação com o engajamento no contexto (exposição e ativação comportamental).

- A formação de um instrutor de *mindfulness* ainda é complexa e impacta na disseminação e implementação dessas práticas de uma maneira geral. São pelo menos três anos de dedicação à prática pessoal, retiros, workshops, formação teórica, liderança de grupos e supervisão clínica. E no Brasil ainda são poucos os cursos que atendem aos critérios da comunidade internacional. Além disso, outro complicador é o fato de a produção científica ser apresentada em sua ampla maioria na língua inglesa, à qual muitos profissionais brasileiros não têm acesso.
- A grande tendência é de que os tratamentos contemplem a possibilidade de grupos abertos de *mindfulness*, que complementem aqueles de 8 semanas e possam oferecer aos pacientes de transtornos crônicos, como depressão, ansiedade e compulsões, o recurso do grupo para manutenção de suas práticas, fora dos protocolos dos programas tradicionais.
- E, por fim, mas longe de querer concluir esta discussão sobre perspectivas, que talvez merecesse mais um livro, é importante ressaltar que novas ferramentas tecnológicas – como aplicativos para celular e plataformas on-line – estão sendo pesquisadas e testadas a fim de facilitar o acesso dos pacientes a profissionais capacitados para atuarem como terapeutas/instrutores de *mindfulness*, aumentando o acesso e disponibilizando recursos que não se restrinjam aos grupos presenciais.
- TCC e *mindfulness* vêm se configurando como transdiagnóstico, trans-epistemológico e transcultural, uma vez que falamos de humanidades e esta é uma linguagem que todos entendem. Mas ainda não sabemos como vai se desenvolver no futuro próximo, necessitando de estudos de viabilidade, efetividade e eficácia com amostras robustas que permitam ser replicados em diferentes contextos.
- A parceria entre TCC e *mindfulness* precisa ainda ser amplamente pesquisada no Brasil para que as adaptações necessárias à nossa cultura, especialmente no Sistema Único de Saúde (SUS), onde a maioria da população recebe cuidados, sejam testadas. Como bem disseram Onken e colaboradores no artigo que aborda sobre os estágios pelos quais estudos clínicos devem passar até que intervenções sejam implementadas no setor público de saúde: "O desenvolvimento do processo de uma intervenção está incompleto até que ela se mostre eficaz e implementável com fidelidade por profissionais da comunidade"[7,22].

Como fechamento deste livro, para o próximo capítulo selecionei algumas falas de pessoas que se submeteram ao Treinamento Introdutório à Prática Pessoal de Meditação Baseada em *Mindfulness* em meu Espaço Terapêutico, a fim de demonstrar os principais desafios, benefícios, adaptações e recursos utilizados por aqueles que buscaram o treinamento como forma de prevenção e promoção de saúde e aqueles que já eram pacientes meus e de colegas e apresentam diagnósticos psiquiátricos. Gratidão a todos eles que generosamente me concederam uma entrevista falando de suas experiências.

REFERÊNCIAS BIBLIOGRÁFICAS

1. Farber BA. Self-disclosure in psychotherapy. New York: Guilford Press; 2006.
2. Weiss de Souza IC, Ronzani TM, Gomide H, Vasques F. CBT in South America: cognitive behavioural therapy in Brazil. In: Naeem F, Kingdom D, editores. CBT in Non-Western Cultures. New York: Nova Science Publishers; 2011.
3. Weiss de Souza IC. Avaliação da efetividade do programa de *Mindfulness-Based Relapse Prevention* (MBRP) como estratégia adjunta ao tratamento da dependência de tabaco [tese de doutorado]. [São Paulo]: Universidade Federal de São Paulo; 2016.
4. Roos CR, Kirouac M, Stein E, Wilson AD, Bowen S, Witkiewitz K. An open trial of rolling admission mindfulness-based relapse prevention (rolling MBRP): feasibility, acceptability, dose-response relations, and mechanisms. Mindfulness. 2019;10(6):1062-73.
5. Bowen S, Chawla N, Marlatt GA. Prevenção de recaída baseada em *mindfulness* para comportamentos aditivos: um guia para o clínico. Rio de Janeiro: Cognitiva; 2011.
6. Jourard S. Self-disclosure: an experimental analysis of the transparent self. London: Wiley; 1971.
7. Onken LS, Carroll KM, Shoham V, Cuthbert BN, Riddle M. Reenvisioning clinical science: unifying the discipline to improve the public health. Clin Psychol Sci J Assoc Psychol Sci. 2014;2(1):22-34.

12

Vinhetas

Isabel C. Weiss de Souza

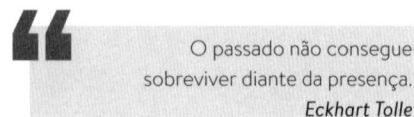

O passado não consegue
sobreviver diante da presença.
Eckhart Tolle

Bem-estar é uma habilidade que precisa ser cultivada[1]. Não há dúvidas em relação a isso nos dias de hoje, e o mercado captou bem essa necessidade, tornando-se repleto de produtos e serviços que se dispõem a promover bem-estar (mercado de *wellness,* como se denomina hoje). No entanto, muita cautela é necessária até que se coloque à disposição da população algum recurso que se proponha a atingir esse objetivo.

Já vimos ao longo deste livro que bem-estar está ligado à saúde, e com saúde não se brinca. Até que se disponibilize um recurso que se propõe a promover saúde, é necessário saber se este mesmo recurso não causa danos, em que circunstância deve ser disponibilizado, quais são as suas limitações e os riscos envolvidos. No Brasil assistimos hoje a um disparo de produtos e serviços nesse setor, algumas vezes sem um embasamento científico e sem o uso do bom senso para sua aplicação. Nós profissionais de saúde, principalmente, precisamos reservar o uso das ferramentas após serem testadas e validadas a um *setting* de Saúde com os devidos cuidados, principalmente preservando privacidade e sigilo.

MINDFULNESS E A RELAÇÃO COM O TEMPO

Desconectados do presente, passamos a viver na expectativa de um futuro que nunca chega, pois futuro é sempre futuro. Questiono aos adolescentes ansiosos que atendo hoje em dia sobre quando seria o futuro para eles. Invariavelmente não sabem responder à minha pergunta. Daí questiono: "Cinquenta anos? Seria futuro para você?" Respondem que sim, então completo: "Para mim, não. É presente. Será que se perguntarmos aos nossos avós se eles se consideram no futuro a resposta seria sim?"

Mindfulness não é tratamento, como foi dito por várias vezes ao longo deste livro. E não foi originalmente desenvolvido para tratar doenças. Trata-se de um fenômeno do século XXI[1], quando os transtornos mentais tiveram um aumento muito significativo no mundo todo e observou-se que o adoecimento está muito relacionado a um estado mental repleto de fissura, antecipação e comportamentos de consumo, estando estes permanentemente associados a experiências de privação e inquietude[2].

Estudos de neurociências afirmam que *mindfulness* atua no sistema de recompensa do cérebro, ajudando as pessoas a identificarem claramente a relativa falta de recompensa nos comportamentos aditivos, por exemplo, e oferecendo algo que efetivamente substitua e realmente se apresente como uma recompensa genuína: estar consciente e curioso, ou aberto à experiência com a diversidade de possibilidades que ela sempre pode nos trazer. Por exemplo, saborear uma comida em vez de comer compulsivamente[2].

A consciência plena traz consigo o poder da aprendizagem baseada na recompensa de forma mais habilidosa, sem travar batalhas ou tentar controlar. Trata-se de aprender com a própria experiência do desconforto, quando a não reatividade atrasa o surgimento da primeira resposta condicionada, diminuindo com o tempo sua frequência e disponibilizando à mente consciente alternativas de resposta[3].

Mindfulness aumenta o controle volitivo, o senso de autoeficácia, o reconhecimento do momento presente como o detentor de todas as saídas diante das adversidades, deixando o passado com suas respostas e comportamentos condicionados, responsáveis pelo desenvolvimento e manutenção dos transtornos clínicos, no passado[3].

Nossas necessidades, que estão na base de nossas emoções, se fazem presentes e muitas vezes são inegociáveis. Não reconhecê-las, e consequentemente não atendê-las de modo assertivo, pode conduzir a um processo de adoecimento.

A EXPERIÊNCIA DO TREINAMENTO INTRODUTÓRIO À PRÁTICA PESSOAL DE MEDITAÇÃO BASEADA EM *MINDFULNESS*

Vejamos o que os pacientes e pessoas que fizeram o Treinamento Introdutório à Prática de Meditação Baseada em *Mindfulness*, que desenvolvo no Espaço Terapêutico Isabel Weiss, em Juiz de Fora (MG), têm a nos dizer de suas experiências após o treinamento. Adotei nomes e algumas características fictícias, para que não sejam identificados.

Experiência 1

- Paciente de 50 anos, formado em Administração, divorciado, sem filhos, atualmente trabalha no setor de investimentos; o chamarei aqui de Jorge. Chegou ainda casado, obeso, bebendo muito e fumando dois maços de cigarros por dia. Muito infeliz, com sintomas de ansiedade e depressão. Descreveu sua insatisfação com a vida conjugal e se mostrou desligado da vida profissional. Passava os dias dentro de casa, vivendo de alguns investimentos na bolsa de valores. Vida social completamente anulada, comportamento agressivo, muito impulsivo, com histórico de episódios de compulsão por compras. Iniciamos o tratamento com a psicoterapia e depois ele foi encaminhado à psiquiatria, para que fizesse uma avaliação. Após alguns meses de psicoterapia, resolveu se separar da esposa, se mudou de apartamento, parou de beber e procurou uma nutricionista, que o orientou quanto à alimentação e o motivou a procurar uma academia de ginástica. Nesse período, a psiquiatra confirmou o diagnóstico de transtorno bipolar e o paciente foi medicado. A melhora era visível. Jorge adotou uma disciplina quanto à alimentação e frequentava a academia regularmente. Resolveu parar de fumar e foi orientado a esse respeito. Nesse momento fiz a ele o convite para participar do Treinamento Introdutório à Prática de Meditação Baseada em *Mindfulness*, o qual aceitou prontamente, e começou a ler muitos livros relacionados ao assunto. No início do treinamento, Jorge ainda exibia um comportamento impulsivo e se mostrava muito agitado nas primeiras sessões, não conseguindo ficar em silêncio, apresentando certa agitação psicomotora. À medida que as sessões foram passando, e esse progresso se somando à sua sede pela leitura, à psicoterapia e ao uso dos medicamentos, Jorge demonstrou uma mudança expressiva, tornando-se mais calmo, concentrado, gentil e passando a levar a meditação a sério no seu dia a dia. Vejamos algumas de suas falas.

"Agora... quanto à melhora é impressionante! Porque... é... primeiro que a minha cabeça hoje... ela tá muito mais tranquila... eu tô muito mais... ela fica muito mais parada... eu tô muito mais em paz... né assim... eu não tô muito preocupado com o que acontece... quer dizer... eu não tô nem um pouco preocupado com o que aconteceu ontem... e assim... também não tô muito focado no que vai acontecer amanhã..." [Anteriormente, o paciente se sentia muito incomodado com o volume de pensamentos e ruminações, sendo a maior parte das vezes referentes ao julgamento alheio.]

"Isso pra mim é... eu acho que isso foi um grande passo... porque a gente conseguindo dominar essas falsas crenças, a gente consegue parar de perder tempo com muita coisa que a gente perdia... que não tem a menor necessidade... e de ficar... é... passando por situações desnecessárias, né?! Porque acaba que a gente... quando chega nesse ponto... a gente acaba começando a pensar, e esses pensamentos levam a gente a ter emoções, a ter sentimentos que não tem nada de realidade acontecendo... quer dizer... a gente vive numa situação que a gente não sabe o que de fato é verdade ou mentira. Você tá sempre ou superdimensionando a situação ou subdimensionando... e nesse ponto eu acho que o mindfulness e a TCC foi fundamental porque é... é... esse equilíbrio de não tá nem muito lá nem muito cá é que tá me deixando mais tranquilo".

Jorge se mostrava muito impulsivo e, mesmo no início do treinamento de *mindfulness*, apresentava dificuldade em ouvir, querendo sempre falar, com pouca disposição em esperar:

"Outra defesa que eu já percebi que eu usava também... aquela coisa de achar que sabe tudo... de querer tá saindo na frente de todo mundo... de tudo que todo mundo fala você sabe, você domina... e você perde a grande oportunidade de tá aprendendo né... porque é... quanto mais... hoje eu... hoje eu entendi que quanto mais incerteza a gente tem, mais a gente aprende".

"Eu tinha muita dificuldade no começo sim... no começo eu tinha muita dificuldade, porque primeiro que a gente não entende o quê que tá acontecendo... então, assim... a dificuldade que eu tinha era porque eu não conseguia mesmo me concentrar, e a gente conversando com as pessoas... as pessoas acham que meditar é não pensar né... e tem dia que não tem jeito! Tem dia que eu brinco e falo: o radinho tá ligado... é quando a cabeça não para né... quando os pensamentos estão ali pra lá e pra cá... pra lá e pra cá... tem dia que o radinho tá ligado e não adianta, você deita, tenta, tenta, tenta e né... a maior parte do tempo você não consegue tá concentrado às vezes ali só na respiração, só no abdome... a cabeça tá andando... mas mesmo assim eu fui fazendo... quer dizer... é... não sei se eu posso dizer que seria uma barreira né... mas assim é... se isso for uma barreira eu acho... depois isso vai melhorando e hoje me sinto em paz. Começa a ficar mais observador, você começa a prestar mais atenção em você... bom, pelo menos comigo né... é... eu presto muito mais atenção em mim e assim... fica mais fácil da gente cuidar da gente... a gente olha mais pra gente... eu era muito impulsivo, acho que este era meu maior problema! Outra coisa boa... é... a gente começa a se tratar melhor também... e quando a gente começa a se tratar melhor automaticamente a gente começa a tratar as pessoas melhor também...".

Jorge tinha dificuldades de relacionamento social havia muito tempo. Com queixas frequentes de hostilidade e até agressividade por parte das pessoas. O contato com as mulheres era difícil, pois não percebia o quanto sua abordagem era inapropriada algumas vezes, e isso foi observado no início do treinamento. Com o passar do tempo, a diminuição da reatividade e da impulsividade, e uma maior consciência e empatia, a convivência social, inclusive com mulheres, passou a ser possível e agradável. Fez novos amigos na academia, fez viagens com eles, ingressou em um curso de yoga, onde conheceu uma colega de profissão com quem começou a trabalhar.

Com cerca de um ano e meio de tratamento, a médica passou o antidepressivo e o estabilizador de humor para uma dose mínima, que manteve até recentemente. Neste momento, Jorge retirou os medicamentos por sugestão da médica.

Questionado sobre críticas e sugestões, Jorge disse que tudo funcionou muito bem para ele. Mantém as práticas formais de meditação regularmente e acredita que a leitura também o ajuda demais:

> "Acho que nem juntando tudo que eu li na escola e na vida chegaria perto do que eu consegui ler de 2018 pra cá. A leitura relacionada ao tema TCC e mindfulness ajuda muito a gente a entender o que tá acontecendo... recomendo!".

Experiência 2

- Juliana tem 34 anos, psicóloga, solteira, buscou o Treinamento Introdutório à Prática Pessoal de Meditação Baseada em *Mindfulness* por conta própria e com concordância de sua terapeuta. Já havia tentado meditar por alguns aplicativos de celular, mas disse que não conseguia manter as práticas em sua rotina. Faz psicoterapia desde a época da faculdade.

> "Já passei por linhas distintas. Já fiz análise né... hoje eu trato com uma terapeuta... ela é mais Gestalt, mas já tratei com uma especialista em TCC também..."
>
> "Aí eu vim buscando um pouco mais de equilíbrio, porque apesar de eu não tratar com você, mas acho que eu já tinha comentado...eu tenho tratado de um episódio de depressão já há alguns anos, uma reincidência de um episódio mais grave. Busquei também um alívio da ansiedade, que era grande. Eu era muito responsiva... eu respondia muito rápido a tudo! Tudo era sem pensar, e isso às vezes me causava problemas."

Juliana não apresentava sinais de depressão quando procurou o treinamento, mas relatou que a ansiedade era alta, assim como a responsividade, e que a agitação a prejudicava muito. Apoiada por sua terapeuta, decidiu se inscrever.

"Eu acho que o treinamento veio no momento certo... e eu me senti a cada sessão, é... com possibilidade de uso da prática assim... e com resultados. A cada sessão que a gente fazia, a cada novo sábado, a minha semana tinha uma nova mudança assim... eu acho que auxiliou em tudo... de uma forma geral, não só no que eu esperava... foi por completo... eu acho que a prática me auxiliava nessa questão de estar consciente, de respirar, de pensar, de diminuir a ansiedade... mas de uma forma mais ampla! É aceitação dessa questão dos sentimentos, emocional... que era sempre uma dificuldade que eu tinha muito grande, de rejeitar o que eu estava sentindo, sempre fui muito racional."

"Hoje eu tô mais tranquila né... eu consigo pensar antes de responder a qualquer coisa. Eu brinco assim... um exemplo prático né... eu dirijo muito, eu pego estrada toda semana a trabalho. No início do ano eu tomei duas multas de velocidade em lugares que eu passo o tempo todo. Então assim, eu já estava agressiva em todos os sentidos, sabe? Eu falei: gente, como eu tô agressiva na direção... é exemplo, né?! Então eu acho que o mindfulness trouxe equilíbrio... uma tentativa de equilíbrio em tudo isso assim... de pensar um pouco mais em todas essas reações imediatas. Bem mais serenidade!".

Juliana valorizou muito o fato de o treinamento ter acontecido em grupo. Disse ter conseguido expressar seus sentimentos com muito mais clareza à medida que evoluía e que o acolhimento do grupo auxiliou muito em seu processo de reconhecimento e aceitação dos sentimentos.

"Eu acho que o grupo auxilia muito nisso porque o grupo foi muito participativo... tinha relatos muito distintos. Cada um com uma rotina muito diferente, perfis muito diferentes, , ajuda demais! Então, eu de fato, eu pegava o sentimento e vinculava ele a alguma coisa... que é muito um pensamento... Hoje eu tô tentando a prática de aceitação, e eu acho que o treinamento trouxe muito isso...".

Juliana relatou que tem se sentido muito mais próxima das pessoas. Sua fama entre amigos de ser "muito centrada" na verdade a distanciava. Hoje ela diz que consegue se sentir mais próxima até mesmo de alguém que a atenda numa padaria, e sua mudança foi percebida pela terapeuta:

"E tem essa questão da psicoterapia também né... que a minha psicoterapeuta de fato ela também considera que deu uma boa consolidada, uma boa evoluída nesse pouco tempo assim...".

A prática formal de *mindfulness* ela assumiu que realiza de 2 a 3 vezes por semana, sendo a prática do Surfando na Fissura aquela com a qual sente os maiores resultados. A prática informal, contudo, é diária, está presente em suas atividades rotineiras e ela sente os benefícios:

"A gente evolui, não é o tempo todo mas eu tenho me sentido bem menos responsiva de uma forma mas geral... e isso me gerou uma tranquilidade que diminuiu muito a minha ansiedade... não tenho mais... eu tinha episódios assim... picos de ansiedade... de não saber o que fazer!".

Assim como no caso de Jorge, a paciente relata que tanto sua médica quanto a psicoterapeuta concordam com a possibilidade de retirada dos remédios:

"A minha psiquiatra mesmo, a previsão dela era pra agora meados do ano eu já tirar a medicação... mas eu já marquei pra voltar nela porque eu acho que já estou bem tranquila pra poder tirar. E a minha psicoterapeuta também falou: 'Eu acho que você pode pensar em antecipar para já tirar de uma vez a medicação'. Eu acho que mindfulness consolidou meu tratamento e melhorou muito meus relacionamentos!".

Experiência 3

- Joana, 50 anos, psicóloga, atualmente não trabalha e buscou a TCC para conseguir se situar na vida profissional, pois passou os últimos 18 anos cuidando da casa e da família e agora sente que precisa cuidar da carreira profissional. Logo na primeira semana indiquei o Treinamento Introdutório à Prática Pessoal de Meditação Baseada em *Mindfulness* para ela como complementar à TCC.

"O Treinamento me tirou do turbilhão emocional que eu estava, fiquei mais centrada e mais capaz de agir de uma forma consciente. Desenvolvi a habilidade de meditar para me auxiliar no autoconhecimento. Me tornou menos reativa... Gratidão é o sentimento que resume como eu saía me sentindo a cada sessão de grupo, feliz por me permitir vivenciar essa experiência de peito aberto!".

Joana dizia que tanto a TCC quanto o *mindfulness* estavam contribuindo para que ela encontrasse um propósito para sua vida. Com filhos crescidos e já morando fora de casa, ela se via ainda jovem e cheia de energia, mas sem saber onde e como investir seu tempo. O processo todo contribuiu para localizar o que realmente seria importante naquele momento. Surgiram algumas propostas de trabalho, ela se viu confusa inicialmente, mas logo conseguiu perceber que não era o que queria.

"Se pudessem definir este treinamento em uma palavra, diria: DESPERTAR! Estou bem mais consciente de meus pensamentos e sentimentos para poder tomar uma atitude. Antes era tudo meio no automático... abri a possibilidade de cuidar de mim e meu marido percebeu o quanto isso me gerou satisfação!".

Joana disse que pratica as meditações formais de 3 ou 4 vezes na semana, mas que gostaria de ampliar para 5 ou 6 vezes. Utiliza-se dos áudios enviados para treino e os que mais gosta são Bondade Amorosa e Meditação Sentado, e disse sentir-se renovada a cada dia quando os pratica além do PARAR Espaço para respirar, quando está "na correria do dia a dia". E afirmou que as trocas que seguem as vivências (o *inquiry*) "são sensacionais e altamente enriquecedoras".

Joana deu continuidade à TCC por mais algum tempo e logo depois resolveu interromper, dizendo que o que havia sido trabalhado até ali seria suficiente para a tomada de decisão em relação ao que motivou sua busca.

Experiência 4

- Silvana, 35 anos, gestora em uma multinacional, casada, sem filhos, procurou tratamento para dores crônicas na TCC. Após participar de um workshop que organizamos, chamado de *Mindfulness Day* (um dia de práticas de *mindfulness* em um local retirado), resolveu participar do Treinamento Introdutório à Prática Pessoal de Meditação Baseada em *Mindfulness*. Afirmou que buscava o controle do estresse, pois já observara que quando este está sob controle, suas dores diminuem. Sofria com elas havia mais de 5 anos.

"A cada sessão me sentia mais calma e concentrada no aspecto profissional e pessoal. Percebi que fui conseguindo cada vez mais tomar decisões conscientes no trabalho, e conseguindo escutar mais as pessoas... as pessoas do trabalho perceberam e disseram que estou mais tranquila... o controle da mente e principalmente dos pensamentos tem me auxiliado a tratar as situações com mais tranquilidade."

Silvana disse que ainda não conseguiu colocar as práticas na rotina diária, mas pratica de 3 a 4 vezes por semana o Escaneamento Corporal e utiliza o PARAR Espaço para respirar constantemente. Sugeriu apenas que alguns encontros fossem ao ar livre. Não deu continuidade à TCC em seguida, mas afirma que segue sentindo-se bem.

Experiência 5

- Mariana, 38 anos, psicóloga, mãe de 2 filhos, casada. Procurou o Treinamento Introdutório à Prática Pessoal de Meditação Baseada em *Mindfulness* por conta própria, para buscar alívio da ansiedade. Já teve síndrome do pânico e no momento do treinamento não estava em crise, mas percebia a ansiedade muito presente.

"Procurei a ferramenta da meditação para ajudar a diminuir a ansiedade. Em algumas práticas senti bastante dificuldade em me concentrar e relaxar. A maior barreira foi que às vezes, em algumas práticas, as sensações que eu percebia me remetiam à ansiedade... Mas aceitar as sensações físicas e as emoções e não tentar lutar contra elas me ajudou a não lutar contra os meus sintomas, entendendo que são somente um estado... saber que estou no piloto automático também me ajuda a sair dele...".

Mariana não fazia uso de medicação, apesar de ainda apresentar um quadro residual de ansiedade. Resiste em procurar o psiquiatra, pois teme os efeitos colaterais da medicação. Questionada particularmente sobre quais seriam seus receios, disse que a diminuição da libido. Mas conversamos e ela pôde perceber que esse quadro residual também tem um impacto considerável nas relações em geral, principalmente na sexualidade. Iniciou TCC paralelamente ao Treinamento e ainda se encontra em processo. Recentemente percebeu que trava uma luta com alguns sintomas e que tem prejuízos com isso. Está mais convencida a procurar o psiquiatra. Mantém a meditação de duas a três vezes na semana e afirma:

"Percebi que meus sintomas de ansiedade diminuíram quando os aceitei e não tentei mais lutar contra. No dia a dia acho que estou procrastinando menos e estou mais assertiva. Contribuiu para eu perceber quais são as minhas necessidades... PARAR é uma técnica que ajuda na avaliação das situações, o Escaneamento nos ajuda a nos conectar com nosso corpo e a meditação da montanha me traz a sensação de fortaleza, apesar dos problemas e tribulações do dia a dia!.. Poder partilhar com o grupo situações e sentimentos comuns a todos me ajudou demais... Um espaço para manter estas práticas agora em diante é fundamental, assim como gostaria de maiores informações da parte teórica. Gostei muito! Nota 10!".

Experiência 6

- Carolina, 25 anos, formada em Direito, preparando-se para concursos públicos nos últimos três anos. Sua mãe fizera o Treinamento comigo e indicou a ela. Carolina disse que seus objetivos eram gerenciar melhor sua ansiedade, viver com mais leveza e presença, além de conseguir dormir melhor. Praticante recente de yoga, faz terapia junguiana com foco na orientação vocacional. Considerava sua ansiedade num patamar alarmante quando buscou o Treinamento Introdutório à Prática Pessoal de Meditação Baseada em *Mindfulness*, mas a profissional que a acompanha autorizou que participasse.

"Foram diversos benefícios. Embora eu ainda experiencie situações em que a ansiedade apareça, hoje ela não é mais central na minha vida, me incapacitando. Eu voltei a conseguir dormir noites inteiras e regeneradoras de sono, além de sentir que estou mais presente em todas as atividades, tirando proveito do momento presente, focando menos no futuro... achei muito valioso o trabalho em grupo e perceber o quanto a mente cria pensamentos!".

Carolina relatava que o fato de já ter muitos anos de formada e ainda ser dependente dos pais em termos financeiros, somado à sua dificuldade em realizar alguns projetos, a deixava extremamente ansiosa e triste, apesar de contar com a compreensão e apoio dos pais nesse processo.

"O Treinamento foi fundamental para que eu passasse a viver com maior clareza e tranquilidade, através da percepção de que eu não sou os meus pensamentos, somos distintos. Pode parecer engraçado, mas eu vivi 25 anos da minha vida acreditando que nós éramos a mesma coisa! A minha ansiedade vinha do fato de eu estar completamente absorta em meus pensamentos e projeções para o futuro, me colocando completamente refém deles. Agora me sinto melhor, pois sei que posso não dar a eles a importância que dava, e isso mudou completamente meu estado de espírito: me sinto bem mais leve!".

Carolina disse que sua prática preferida é a Meditação da Montanha, mas que realiza algumas outras também e principalmente as informais no dia a dia.

"Minha nota é 10! Foi um prazer poder participar de um projeto de elevada qualidade técnica e humana, fiquei maravilhada de participar das partilhas do grupo... muitos insights, me trouxe paz!".

Experiência 7

- Cláudia, 42 anos, advogada, divorciada, mãe de uma jovem universitária. Procurou o Treinamento Introdutório à Prática Pessoal de Meditação Baseada em *Mindfulness* por indicação de sua médica endocrinologista, que também já fizera o Treinamento conosco. Disse que passava por um período de estresse e que geralmente nessas circunstâncias perdia o sono, tinha muita acne, perdia o apetite, sentia angústia no peito e apresentação muita ruminação mental.

"Busquei um método que me ajudasse no controle de meus pensamentos e de minha ansiedade... Gostei muito do grupo, do treinamento, das trocas e da forma como a Isabel expõe o conhecimento e acolhe as vivências de cada um. Posso afirmar que o curso veio no momento certo na minha vida!".

Cláudia já fizera psicoterapia junguiana anteriormente, pratica atividade física e iniciou yoga após ingressar no treinamento de *mindfulness*.

"Me sinto bem melhor! Tenho acordado com mais disposição e recuperei o apetite! Tenho feito práticas formais de mindfulness 2 vezes na semana... ficar atenta ao momento presente e exercer a gratidão nas coisas simples fez total diferença... mais calma e menos reativa, diminuiu a dimensão que dava aos meus problemas... pretendo meditar para o resto de minha vida!".

Experiência 8

- Suzana, 44 anos, funcionária pública, casada, sem filhos. Faz tratamento para depressão e ansiedade com psiquiatra e, após ter ouvido falar do Treinamento Introdutório à Prática Pessoal de Meditação Baseada em *Mindfulness*, conversou com sua médica, que recomendou que ela se inscrevesse. Usava medicação há um ano. Já fez algumas aulas de yoga no passado e recentemente participara de duas práticas formais de meditação em um centro de práticas integrativas. Já fez TCC, e sua demanda era sempre tratar a ansiedade vinculada à preocupação exagerada com avaliações, especialmente durante seu doutoramento, e logo depois quando foi reprovada algumas vezes em concursos para professora. Diz ser muito exigente consigo mesma e acredita que o quadro de alcoolismo do pai agravou sua situação.

"Eu esperava que a meditação ajudasse a acalmar a minha mente, reduzir ansiedade e tristeza... também esperava que me ajudasse a olhar mais profundamente para mim, para descobrir meu propósito de vida... mas tive muita dificuldade, me senti confusa, incomodada, dificuldade em me concentrar na respiração, dores no corpo, vontade de me mexer...".

Suzana dizia que atentar para sua respiração a incomodava muito. Alguns pacientes que sofrem de ansiedade dizem isso. Foi orientada a usar alguma outra âncora no momento da meditação, como o próprio peso corporal, por exemplo. Aos poucos foi conseguindo encontrar um estado de conforto em suas práticas e foi evoluindo e se beneficiando. Percebeu que pensamentos do tipo "estou fazendo errado... isso não é assim", referentes à sua prática meditativa (pensamentos de cobrança, avaliação e julgamento) é que a atrapalhavam, mas à medida que conseguiu lidar com os pensamentos de uma forma em perspectiva, isso foi se modificando sensivelmente.

"Acho que o principal benefício que tive foi em relação ao sono. Após a terceira semana de treinamento eu estava dormindo mais e melhor. Mesmo com melatonina e fazendo a higiene do sono, eu antes não estava dormindo, acordava várias vezes à noite e não conseguia dormir. Ainda durante o Treinamento eu retirei a melatonina, percebi que conseguia dormir bem, pelo menos 6 horas direto, sem acordar (felicidade me define!)... percebi diminuição do cansaço, dos sintomas físicos da ansiedade (coração acelerado e falta de ar), das crises de choro sem motivos...".

Suzana se mostrava muito desgastada quando iniciou o Treinamento. Fez doutorado em sua área de atuação, morou no exterior numa experiência de doutorado-sanduíche, esperava encontrar um emprego de professora em uma universidade federal e isso não aconteceu, o que fazia com que se sentisse desvalorizada, além de desvalorizar seus ganhos obtidos, o que a impedia de avaliar outras possibilidades dali em diante. Não era fim de linha, mas começo de outras possibilidades. A ansiedade a levava à depressão, e nesse círculo vicioso só conseguia ver o que não tinha conquistado, o que a esgotava e a impedia de se abrir para o novo.

"Me sinto menos ansiosa, menos triste, menos cansada, menos pesada, mais grata. Meu marido também me achou mais leve, com humor melhor e mais sociável. Alguns colegas de trabalho comentaram que eu estava mais alegre. Pratico a meditação formal de 4 a 6 vezes na semana, uso outro aplicativo também, e áudios de livros... levo atenção plena a várias atividades de meu dia a dia... quero levar a meditação sempre comigo... a meditação mais difícil é a Surfando na Fissura, gosto muito do Escaneamento Corporal, Meditação em Movimento. Com a Bondade Amorosa me sinto mais grata pelas coisas simples e que realmente importam, ao final. Gosto da Meditação da Montanha, pois leva a crer que sou forte e me lembra que na vida tudo passa...".

Suzana se mostrou muito satisfeita ao final. Ofereceu ao grupo o depoimento de que já conseguia pensar em alternativas profissionais e que o grupo a havia inspirado!

Visando dar suporte aos pacientes e clientes que fazem o Treinamento Introdutório à Prática Pessoal de Meditação Baseada em *Mindfulness*, o Espaço Terapêutico Isabel Weiss passou a oferecer uma série de atividades pós-treinamento visando auxiliar as pessoas a manterem seus ganhos e benefícios, além de proporcionar a todos os interessados uma oportunidade de convivência permanente em um grupo social com objetivos comuns.

O Espaço Terapêutico passou a oferecer o já citado Grupo de Manutenção, além de *workshops* eventuais que discutem teoricamente sobre *mindfulness* e sua aplicação em empresas, escolas, hospitais, abrindo espaço também para pequenas vivências. Ainda, proporciona retiros intensivos (de três a quatro dias) e retiros de um dia aos interessados, favorecendo a imersão na meditação, conforme preconizado pelos protocolos internacionais de *mindfulness* na saúde. Desenvolvemos também um programa de saúde integral com equipe transdisciplinar (duas psicólogas, dois educadores físicos e duas médicas clínicas), denominado *ANIMA? Mind & Body Experience*, no qual todos os participantes são avaliados constantemente e uma vez por semana nos reunimos numa academia de ginástica ao ar livre, que fica no meio de uma mata, onde praticamos meditação, caminhamos em trilha acompanhados e orientados pelos educadores físicos, realizamos um momento de confraternização com café de manhã e ainda temos a roda de conversa que acontece uma vez no mês, com assuntos variados sobre prevenção e promoção de saúde. Demos início recentemente a uma aula semanal de dança, com uma professora experiente no trabalho com equipe multidisciplinar em saúde. Ao longo do ano também proporcionamos alguns encontros festivos a fim de promover a integração do grupo.

Toda essa experiência tem sido muito rica e muito bem avaliada pelos participantes. A aproximação de todos nessas diversas modalidades, sejam eles pacientes ou não, tem favorecido muito o processo tanto de tratamento daqueles que são pacientes como de prevenção como um todo. Todas essas iniciativas nos permitem proporcionar a todos, num mesmo local, oportunidades de ampliação dos cuidados de uma forma prática e de facilitado acesso.

"Pensar sobre o Grupo de Manutenção me fez voltar na minha história, quando comecei a estudar e 'gotejar' algumas práticas meditativas, dentro da chamada Meditação Cristã. Os anos se passaram e em fevereiro de 2017 fiz o Treinamento Introdutório à Prática Pessoal de Mindfulness com a Isabel, minha amiga de uma vida. Ali, eu senti que mindfulness era a prática que faltava para unir os vários pilares em que me apoio para cuidar de mim e do outro – o cuidado com o corpo, com a mente, com o espírito, que só são divididos assim por causa da nossa dificuldade de integrar.

Mas o Treinamento foi mais um 'gotejar', sábados que eu esperava com muita alegria e como se diz que 'se tem alegria, segue em frente porque ali você se encontra', surgiu o desejo que este 'gotejar' fosse frequente e aí a ideia do Grupo de Manutenção.

E é muito bom! Quinzenalmente me preparo para estar ali, no Espaço que tem a cor da espiritualidade e da transformação, o roxo, com pessoas que a cada encontro me ajudam a perseverar na prática de mindfulness, que me revigoram quando chego cansada depois de um dia de atendimento, que me encantam com suas histórias cheias de vida e outras nem tanto, que compartilham suas dificuldades em meditar e seus 'estar presente' nas atividades cotidianas.

Dizem que a gente pode puxar o outro, empurrar o outro ou abraçar e levar junto – no Grupo de Manutenção eu me sinto abraçada e reiniciada, animada para que o 'gotejar' da meditação seja diário e que me ajude a transbordar gratidão, compaixão, cuidado, serenidade, alegria, encantamento."

Dra. Raquel Porto David, psiquiatra atuante no
SUS em Juiz de Fora e em consultório particular.
Primavera 2019.

REFERÊNCIAS BIBLIOGRÁFICAS

1. Davidson RJ, Dahl CJ. Outstanding challenges in scientific research on mindfulness and meditation. Perspect Psychol Sci J Assoc Psychol Sci. 2018;13(1):62-65.
2. Brewer J. Mindfulness training for addictions: has neuroscience revealed a brain hack by which awareness subverts the addictive process? Curr Opin Psychol. 2019;28:198-203.
3. Hanley AW, Garland EL. Mindfulness training disrupts Pavlovian conditioning. Physiol Behav. 2019;204:151-4.

Índice remissivo